国家职业技能等级认定培训教程

国家基本职业培训包教材资源

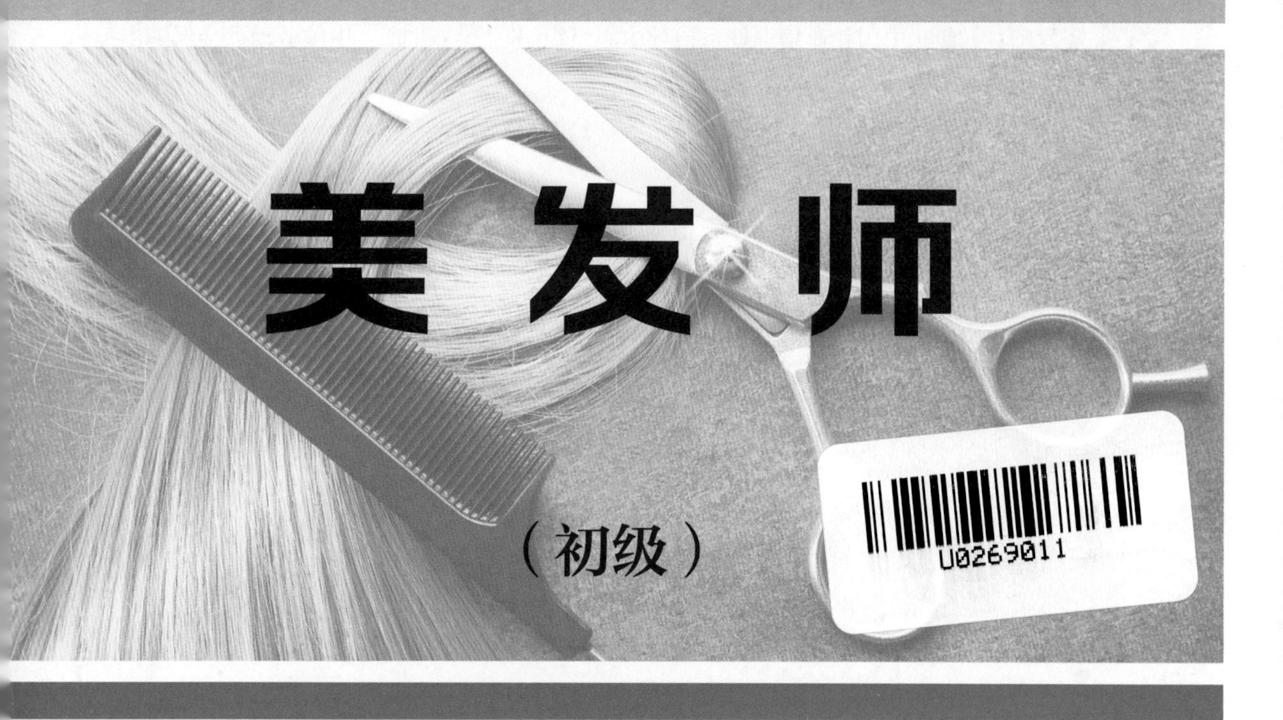

美发师

（初级）

编审委员会

主　任　刘　康　张　斌

副主任　荣庆华　冯　政

委　员　葛恒双　赵　欢　王小兵　张灵芝　吕红文　张晓燕　贾成千　高　文　瞿伟洁

本书编审人员

主　编　董元明　马祥银

编　者　刘金华　刘学奎　胡纪纬　陈　勇　金芯婵

主　审　陈林声

审　稿　汤锦年　丁家庆　肖　蕾

中国人力资源和社会保障出版集团

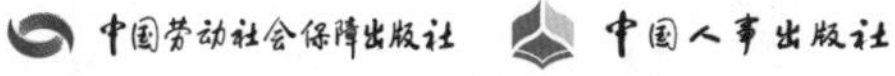

图书在版编目（CIP）数据

美发师：初级 / 中国就业培训技术指导中心组织编写 . -- 北京：中国劳动社会保障出版社：中国人事出版社，2020

国家职业技能等级认定培训教程

ISBN 978-7-5167-4761-2

Ⅰ.①美… Ⅱ.①中… Ⅲ.①理发 - 职业技能 - 鉴定 - 教材 Ⅳ.①TS974.2

中国版本图书馆 CIP 数据核字（2020）第 229532 号

中国劳动社会保障出版社
中 国 人 事 出 版 社 **出版发行**

（北京市惠新东街 1 号 邮政编码：100029）

*

北京市艺辉印刷有限公司印刷装订 新华书店经销

787 毫米 ×1092 毫米 16 开本 13 印张 212 千字

2020 年 12 月第 1 版 2024 年 1 月第 4 次印刷

定价：52.00 元

营销中心电话：400-606-6496

出版社网址：http://www.class.com.cn

版权专有 侵权必究

如有印装差错，请与本社联系调换：（010）81211666

我社将与版权执法机关配合，大力打击盗印、销售和使用盗版图书活动，敬请广大读者协助举报，经查实将给予举报者奖励。

举报电话：（010）64954652

前　言

为加快建立劳动者终身职业技能培训制度，大力实施职业技能提升行动，全面推行职业技能等级制度，推进技能人才评价制度改革，促进国家基本职业培训包制度与职业技能等级认定制度的有效衔接，进一步规范培训管理，提高培训质量，中国就业培训技术指导中心组织有关专家在《美发师国家职业技能标准（2018 年版）》（以下简称《标准》）制定工作基础上，编写了美发师国家职业技能等级认定培训教程（以下简称等级教程）。

美发师等级教程紧贴《标准》要求编写，内容上突出职业能力优先的编写原则，结构上按照职业功能模块分级别编写。该等级教程共包括《美发师（基础知识）》《美发师（初级）》《美发师（中级）》《美发师（高级）》《美发师（技师 高级技师）》5 本。《美发师（基础知识）》是各级别美发师均需掌握的基础知识，其他各级别教程内容分别包括各级别美发师应掌握的理论知识和操作技能。

本书是美发师等级教程中的一本，是职业技能等级认定推荐教程，也是职业技能等级认定题库开发的重要依据，已纳入国家基本职业培训包教材资源，适用于职业技能等级认定培训和中短期职业技能培训。

本书在编写过程中得到上海市职业技能鉴定中心、上海美发美容行业协会、上海市第二轻工业学校、上海市商业学校、上海市市北职业高级中学、上海第二工业大学、上海永琪美容美发技能培训学校、上海文峰职业技能培训学校的大力支持与协助，在此一并表示衷心感谢。

中国就业培训技术指导中心

目　录 CONTENTS

职业模块 1 工作准备

内容结构图

- 工作准备
  - 美发工具、用品准备
    - 美发工具准备
    - 美发用品准备
  - 美发环境准备

培训项目 1　美发工具、用品准备

培训单元 1　美发工具准备

掌握常用美发工具的检查、清洁、保养和消毒知识。

能够对常用美发工具进行维修保养。

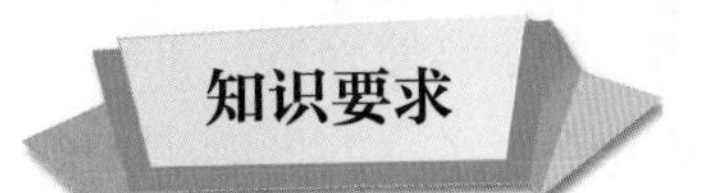

一、常用美发工具的检查、清洁和保养

美发工具是完成美发服务工作的一个必要条件，每一个美发师都应该有一套合适的美发工具，并要细心爱护和妥善保养。美发工具必须保持结构完整、干净，要求没有断齿、缺角、尘垢积聚、机件失灵等情况。

1. 电推剪的检查、清洁和保养

电推剪使用后，在齿板和齿缝中容易积留污垢和碎发，应用专用刷及时清除，以免引起故障，影响使用。每天工作结束后，电推剪要用煤油洗涤。洗涤时先将刷干净的电推剪刀片浸入煤油中并开关数次，取出后用布将煤油擦干，并在刀齿上滴几滴润滑油。注意不要将电推剪的整个头部都浸入煤油中，以防煤油进入线圈引起短路。

2. 剪刀的检查、清洁和保养

美发剪刀一般由优质钢材制成，在检查剪刀是否可用时，可将剪刀的两片刀片合拢，凡是刀锋两面锋刃平整而无缺伤的，都符合标准。剪刀使用后，注意要用柔软的干布擦干净。每天工作结束时，可滴润滑油在剪刀刀刃处。高级美容剪使用一段时间后，应到专业维修店进行修磨，恢复其锋利度。

3. 剃刀的检查、清洁和保养

剃刀的优劣主要看刀锋，好的刀锋内膛薄、钢色发青，用手轻弹声音非常清脆。刀锋容易碰伤造成缺口，因此在使用时需要特别小心。为了保持刀锋锋利、锋口平整，每次使用剃刀前要在趟刀布上来回刮几下，使用后要注意随时将刀锋合上。每次工作完成后，必须用干燥、洁净、柔软的纱布擦去刀锋上的水渍、皂沫和胡须，以防生锈。每天工作结束后，还要仔细地擦一遍。

4. 吹风机的检查、清洁和保养

各种吹风机必须放置在干燥位置，使用时应轻拿轻放；平时应注意保持清洁，每天工作结束后应断开电源并用干布擦拭干净，如有发胶等美发化学物品的残留物，可用酒精棉球擦拭；及时清除风罩上的灰尘，避免形成尘垢；定期给转子轴加油，以保证其正常运转；经常检查电线是否磨损破裂，电源插头是否松动；使用过程中如有异常声音应立即停止使用，请专业人员维修。

5. 梳刷的检查、清洁和保养

梳子、滚刷、排骨刷、九行刷等使用后都要用毛刷把齿缝内的碎发、油垢等刷干净，每隔一段时间可用碱水浸泡，将油垢、发胶等污垢洗净。钢丝刷可用纱布从金属针覆盖至金属针底部的橡皮碗上，这样既不影响使用，又便于清除污垢，对刷子也能起保护作用。

二、常用美发工具的消毒

1. 75% 酒精消毒法

（1）擦拭消毒。用 75% 酒精棉球擦拭消毒，这是目前常用的美发工具消毒方法。

（2）浸泡消毒。将清洗干净的美发工具放入 75% 酒精中浸泡。注意电动工具不能浸泡消毒。

2. 紫外线消毒法

紫外线消毒箱如图 1-1 所示。紫外线消毒箱内一般有上下两根紫外线灯管，将清洗干净的美发工具放入箱内（剪刀、剃刀的刀锋拉开），灯光照射 20 min 即可。如果紫外线消毒箱内只有一根紫外线灯管，则需要在一面消毒完成后，再把工具翻过来进行消毒，这样才能达到完全消毒的目的。

图 1–1　紫外线消毒箱

三、常用美发工具的维修保养

1. 电推剪的常见故障及排除

（1）电推剪不工作。检查电源、插头、插座、开关是否正常。如果电线接头松脱、电线断裂，接好或更换即可。

（2）使用过程中突然发出较大的噪声和颤动声。原因一般为压脚螺钉太松，弯脚左右螺钉压力不均匀，致使弯脚与线圈部位不正，可调整这三个螺钉。

（3）刀片动感不强或上齿板不动。原因一般为压脚螺钉太紧，弯脚左右螺钉压力不均匀，可调整这三个螺钉。

（4）运转声音正常，刀齿颤动力正常，随后逐渐减弱，电推剪内线圈发热。原因一般为线圈绝缘漆熔化后发生短路，应立即停止使用，检查确认后更换线圈。

（5）使用时齿片不锋利、咬口不大、头发起毛。原因一般为压脚螺钉过紧或刀片较钝，可调整压脚螺钉或修磨刀片。

（6）使用时产生漏发。原因一般为操作时电推剪移动太快或上下齿板局部松齿。如为上下齿板局部松齿，应更换刀片。

2. 吹风机的常见故障及排除

（1）吹风机不启动。检查电源、插头、插座、开关是否正常。如果电线接头松脱、电线断裂，接好或更换即可。

（2）转速不正常。原因一般为转子、定子绕组部分短路，应请专业人员维修。

（3）没有热风。原因一般为热风开关失灵或电热丝烧断，应调换热风开关或接上电热丝。

培训单元 2　美发用品准备

了解常用美发化学用品知识。

掌握美发围布、毛巾的分类和使用方法。

一、常用美发化学用品

1. 常用美发化学用品的分类

常用美发化学用品一般分为五大类，见表 1–1。

表 1–1　常用美发化学用品分类

分类	说明
洗发类用品	常用洗发类用品主要是指洗发液
护发类用品	常用护发类用品主要是指护发素、护发水、发油、发蜡、发乳、焗油膏、毛鳞片等
固发类用品	常用固发类用品主要是指发胶、啫喱水（膏）、发泥（造型泥）等
烫发类用品	烫发类用品主要由两剂组成，第一剂是烫发剂，第二剂是中和剂
染发类用品	染发类用品主要由两剂组成，第一剂是染发剂（也称染膏），第二剂是双氧乳。染发剂按其着色的牢固度可分为暂时性染发剂、半持久性染发剂和持久性染发剂三类

2. 常用美发化学用品的作用

（1）洗发类用品的作用。洗发类用品的作用是清洁头皮和去除头发表面的污垢、油脂、灰尘、头皮屑及残留在头发上的其他化学用品。理想的洗发液泡沫丰富、去污力强、无刺激、易于冲洗。

（2）护发类用品的作用

1）护发素。其能给头发补充油脂、消除静电，对头发进行一定程度的修复，使头发柔软，富有光泽。

2）护发水。其能滋润头发，防止脱发和去除头皮屑。

3）发油。其能滋润和保养头发，恢复头发的光泽，使头发柔软，防止头发过分干燥。

4）发蜡。其有滋润头发，使头发具有光泽并保持一定形态的作用。

5）发乳。其能滋润头发，使头发具有光泽。发乳使用方便，使用后不会感觉太油腻。

6）焗油膏。其可以给头发补充油脂，修复受损头发。加热散发蒸汽可以使焗油膏中的营养成分渗透到头发内部。

7）毛鳞片。其可以修复受损头发，并给头发补充营养。

（3）固发类用品的作用

1）发胶。将发胶均匀地喷洒于做好的发型上，发型表面生成一层薄膜，使头发黏合，保持发型的形态。

2）啫喱水（膏）。其可以使头发增加营养，健康亮泽，保持湿润，并具有较强的固发作用，特别适宜局部造型。

3）发泥（造型泥）。其适用于制作假发造型和发型定型，效果自然，同时也能起到给头发增加一层保护膜的作用。

（4）烫发类用品的作用

1）烫发剂的作用是使头发柔软、弯曲。

2）中和剂的作用是将柔软、弯曲的状态加以固定。

（5）染发类用品的作用。染发类用品是将人工色素加在头发上，改变头发原来的颜色，达到美化发色的作用。

二、围布、毛巾

1. 围布的分类和作用（见表 1–2）

表 1–2　围布的分类和作用

名称	图示	作用
大围布		以白色、浅色为多，可阻止碎发沾到顾客的衣服上。主要用于推剪、修剪等操作

续表

名称	图示	作用
中围布	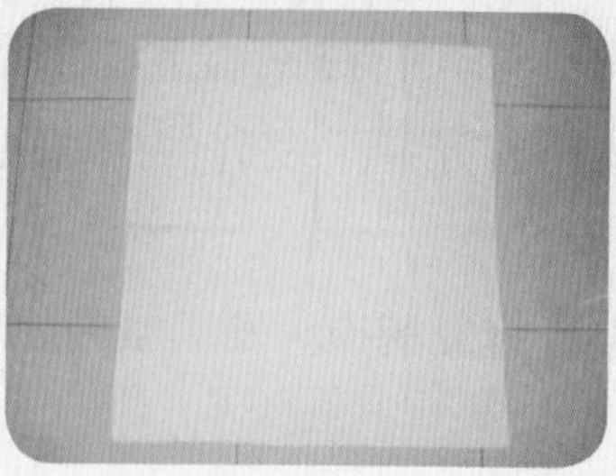	以白色、浅色为多，可防止剃须泡沫、发胶等化学用品沾到顾客的衣服上。主要用于修面、吹风操作
小围布	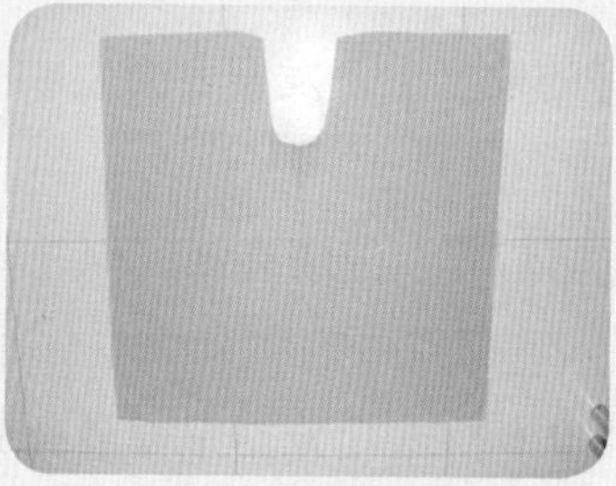	以白色、浅色为多，可防止洗发液、护发素沾到顾客的衣服上。主要用于洗发操作
烫发围布	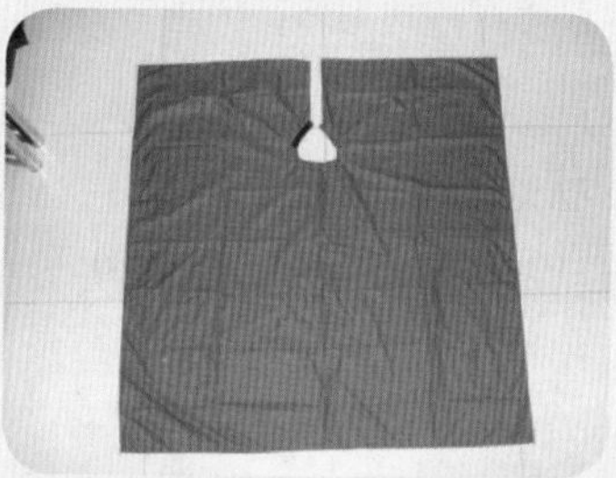	以深色为多，可防止烫发类用品渗透而污染顾客的衣服。主要用于烫发操作
染发围布		布上涂有一层塑胶，透气防水，可防止染发用品沾染顾客的衣服。主要用于染发操作

2. 毛巾的分类和作用（见表 1–3）

表 1–3　毛巾的分类和作用

名称	图示	作用
洗发、剪发用毛巾		以白色、浅色为多，一般使用全棉材料。洗发时披在洗发围布外防止洗发液沾污顾客的衣服，剪发时衬在剪发围布内防止碎发掉入颈部
烫发、染发用毛巾		以深色为多，一般为化纤、棉混合纤维。烫发时披在烫发围布外防止烫发类用品滴漏沾污顾客的衣服，染发时披在染发围布外防止染发类用品沾污顾客的衣服

以上各类毛巾使用时均要求“一客一换”，使用后集中进行清洗、消毒、烘干，以备再用。

3. 毛巾消毒

毛巾消毒的常用方法有煮沸消毒法、烘烤消毒法和蒸汽消毒法三种。

（1）煮沸消毒法。将洗净的毛巾拧干后直接放入沸水中煮 5 min 即可达到消毒要求。

（2）烘烤消毒法。将洗净的毛巾拧至七八成干后，放入红外线烘烤箱（见图 1–2）内消毒 10 min 即可达到消毒要求。

图 1–2　红外线烘烤箱

（3）蒸汽消毒法。将洗净的毛巾拧至七八成干后，放入蒸汽消毒箱（见图 1-3）内消毒 10 min 即可达到消毒要求。

图 1-3　蒸汽消毒箱

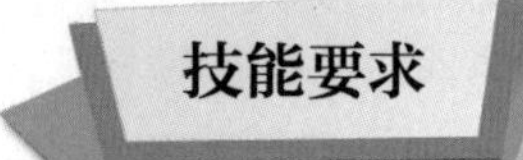

技能要求

衬干毛巾（折叠法）

操作准备

干毛巾 1 条。

操作步骤

步骤 1　将干毛巾左边平整地斜围在顾客的左颈部。	
步骤 2　将干毛巾右边向上翻折并平整地斜围在顾客的右颈部。	

围围布（洗发前）

操作准备

小围布 1 条、干毛巾 2 条、塑料隔膜 1 张。

操作步骤

步骤 1　站在顾客的后方，在其后颈部用折叠法衬上干毛巾。

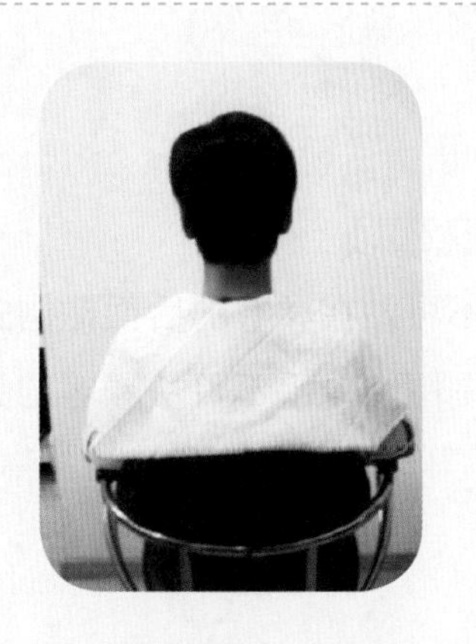

步骤 2　在干毛巾外围上塑料隔膜，防止冲水时冲湿衣领。

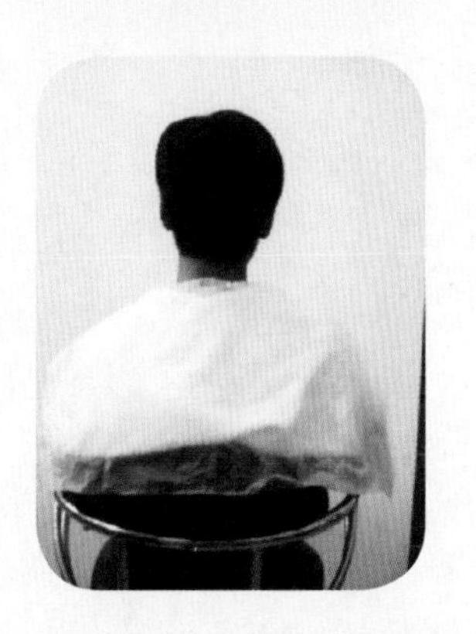

步骤 3　站在顾客的右前侧，将洗发围布平整地围至顾客的颈部。

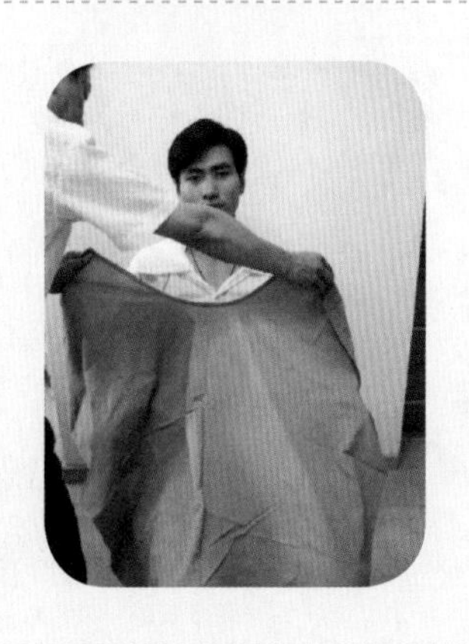

步骤4　在顾客的肩部再围上一条干毛巾。

注意事项

1. 不可站在顾客的后面撒网式围围布。

2. 围围布时手不可从顾客的头顶绕至顾客的后颈部。

培训项目 2

美发环境准备

掌握美发室内环境准备工作的内容和要求。

掌握美发室外环境准备工作的内容和要求。

一、美发室内环境准备

1. 室内空气

（1）温度要求。美发店内以舒适为前提，一般温度为 22 ℃左右，调节范围为 18 ~ 26 ℃（冬天 18 ℃以上，夏天 26 ℃以下）。

（2）湿度要求。美发店的湿度一般为 50%，调节范围为 30% ~ 70%。

（3）洁净度要求。洁净度是指空气中含悬浮粒子的多少。通常，空气中含悬浮粒子少，则空气洁净度高，含悬浮粒子多，则空气洁净度低。美发店要保持良好的空气洁净度，室内禁止吸烟，以保证营业环境的空气洁净。

2. 服务区域

（1）前台的准备要求。资料文具摆放有序，展示柜美发用品摆放整齐。

（2）美发工作区的准备要求。镜子明亮无痕。美发椅排列整齐，干净无尘的同时符合工位空间距离要求。工具车内工具摆放整齐有序，方便使用。准备好工具消毒箱和专用工具。要及时清扫碎发以保持环境整洁。

（3）洗发、烫发、染发工作区的准备要求。各类毛巾、围布清洁卫生，摆放整齐，方便使用。脏毛巾收纳专用容器加盖并贴有标志。各类洗、护、染、烫用品摆放整齐有序，方便使用。各类废弃物收纳专用容器加盖并贴有标志。

3. 照明

（1）美发店照明质量的基本要求

1）照度均匀。如果同一场所的照度不均匀，当眼睛从一个表面转移到另一个表面时，瞳孔就需要调整，容易引起视觉疲劳，因此美发店必须合理布置灯具，使照度均匀。

2）照度合理。根据建筑物空间尺寸、服务对象，选择最适当的照度值。

（2）美发店各区域照明的选择。美发店内不同的区域应选择不同的光源。

1）美发操作区域。一般选用荧光灯比较多，荧光灯对颜色的分辨率较高，视觉效果也较好。

2）接待区域。一般选用吊灯，既能装饰，又能保证足够的照度。

3）美发用品陈列区域。一般选用射灯，可以衬托环境氛围，优势明显。

二、美发室外环境准备

1. 招牌

招牌是美发店的标志，对美发店经营内容具有高度概括力。在艺术上具有强烈吸引力的招牌，对顾客的视觉刺激和心理影响是很重要的，因此招牌的清洁应放在首位。

2. 门面

门面是指美发经营场所外的墙面和周围建筑装饰及相关的配套设施。门面必须每天清洁，特别是美发店大门玻璃要明亮，有透明度。

3. 橱窗

橱窗不仅可以丰富顾客的联想，增强顾客的信心，还能形象概括地向顾客推荐和介绍相关服务项目和服务用品，引起顾客的消费欲望。橱窗的整洁卫生相当重要。

4. 门口

门口是进出美发店的通道。门口处要有专门的迎接人员。门口的地面通道要保持清洁，便于进出。如有阶梯或坡度，应保证阶梯或坡度的清洁。门口要有指路标志，给进出者提供安全和方便。

5. 绿化

绿化是指美发经营场所外部的绿地面积和花卉种植。绿化不仅有利于调节小气候，而且还能美化美发店的外部环境，有利于人们的身心健康。

6. 声环境

声环境是指噪声的强度。优化美发店的声环境要从以下两点着手。

（1）降低声源的噪声辐射。

（2）控制噪声的传播途径。

7. 垃圾和废弃物的处理

（1）美发店的垃圾主要有剪下的头发，美发化学用品容器、包装等废弃物，以及部分生活垃圾。

（2）美发店的垃圾必须按垃圾分类要求进行投放，干湿垃圾分开。美发化学用品容器、包装等废弃物属于干垃圾。

（3）用来装垃圾和废弃物的垃圾桶要有干湿标志，并有桶盖，应定时将各类垃圾和废弃物送到规定的地方。

思考题

1. 常用美发化学用品一般分为哪几类？
2. 毛巾消毒的常用方法有哪几种？
3. 染发剂按着色的牢固度可分为哪几类？

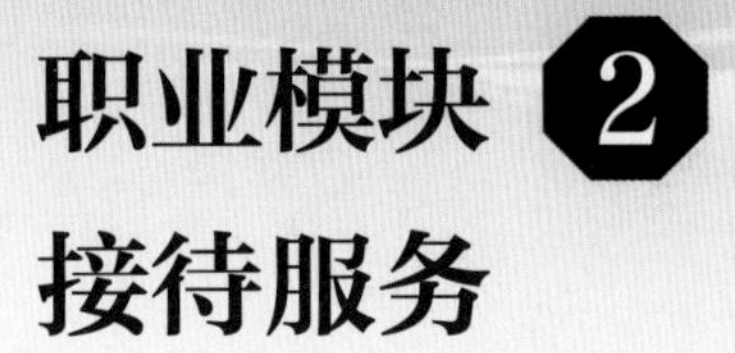

职业模块 2 接待服务

内容结构图

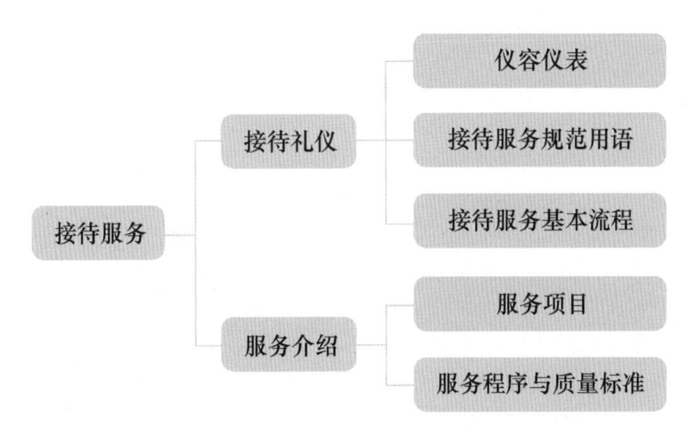

培训项目 1 接待礼仪

培训单元 1 仪 容 仪 表

了解美发师的总体形象要求。

掌握美发师的基本站姿、坐姿及走姿要求。

美发店的服务主要通过美发师来完成，美发师的仪表、仪容、谈吐、举止、行为等不仅是个人综合素质的直接反映，也是美发店的形象再现。美发师要以专业的形象和姿态出现在顾客面前，博得顾客的信任，以良好的第一印象为起点开始自己的服务。

一、美发师的总体形象要求

美发师必须从基本做起，塑造自身良好的形象。

1. 着装要求

美发师上班时应统一穿着公司的工作服，其修饰应稳重大方、整齐清爽、干净利落。

2. 谈吐要求

（1）在工作时间一律讲普通话，交谈时善于倾听，不随意打断他人谈话，不鲁莽，不问及他人隐私。不要言语纠缠不休或语带讽刺，更不要出言不逊。

（2）与顾客交谈要诚恳、热情、不卑不亢、语言流利准确。

（3）与同行交谈要注意措辞、谦虚谨慎、维护美发店形象。

3. 表情要求

美发师要热情亲切，最能体现这种态度的表情就是微笑。微笑服务既是一种职业要求，又是高水平服务的标志，同时也是美发师素质的外在表现。

二、美发师的基本站姿、坐姿及走姿要求

1.美发师的基本站姿

美发师需要长时间进行站立操作，工作时应避免脊柱长时间弯曲，两脚不要离得太远，尽量以脚掌承受体重而不要以脚跟承受体重。如果长时间两脚并拢站立，身体不易平衡，很容易造成疲劳。因此，在工作中只有保持正确的站姿，美发师才能达到良好的平衡及手脚的协调等。美发师的基本站姿见表 2–1。

表 2–1　美发师的基本站姿

图示	说明
	男士基本站姿 表情自然微笑，双目平视，颈部挺直，下颌微收，挺胸、直腰、收腹，臀部肌肉上提，两臂自然下垂，双肩放松稍向后，两腿自然直立，脚尖向外微分
	女士双脚呈 V 字形站姿 双手相握叠放于腹前，双脚呈 V 字形站立。站立时双腿分开的幅度越小越好，最大不能超过本人的肩宽

续表

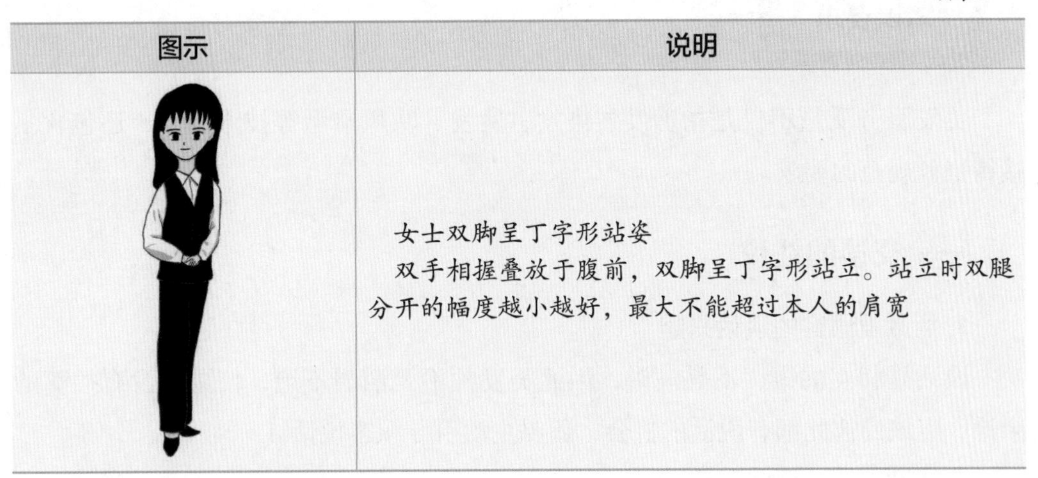

图示	说明
	女士双脚呈丁字形站姿 双手相握叠放于腹前，双脚呈丁字形站立。站立时双腿分开的幅度越小越好，最大不能超过本人的肩宽

2. 美发师的基本坐姿

上体保持站立时的姿势，双膝靠拢，两腿不分开或稍分开，两脚前后、左右略分开或腿向前伸出，两腿上下交叠也可。女性两腿上下交叠而坐时，悬空的脚尖应向下，双膝尽量靠拢。

3. 美发师的基本走姿

上体挺直，行走时上身保持站立时的姿势；两臂自然摆动，幅度不可太大；两脚基本走在一条直线上，大腿带动小腿，大腿的动作幅度要小，主要以向前弹出小腿带出步伐。忌挺髋扭臀等不雅动作，也不要在行走时出现明显的内外“八字步”。步伐与呼吸要相配合形成有规律的节奏，行走时步幅要适中，多用小步。切忌大步流星，严禁奔跑（危急情况除外），也不可擦着地板走，工作时步子要轻、稳、灵活。

培训单元 2　接待服务规范用语

了解美发接待服务交谈的礼仪和技巧。

掌握美发接待服务用语。

美发服务质量不仅是指剪发、染发、烫发、吹风造型等技术服务，还包含了接待服务规范的要求。

一、交谈的礼仪

1. 能激发顾客的谈话兴趣

谈话是相互的事，不是演讲，因此美发师不要滔滔不绝，使顾客没有插嘴的余地，应该使彼此都有说话的机会，还要主动引导顾客说话。

2. 注意表情、语气和声音

美发师的表情应诚恳，语气和声调应柔和，除非需要用手势来加强语气或表达特殊的感情，否则不要摇头、晃手，尽量减少无意义的动作。

3. 不要说他人听不懂的语言

多人在一起交谈时，不要说有人听不懂的方言或外语，这是对别人不礼貌的行为。

4. 要能包容他人

多人在一起交谈时，眼睛要注意到每个人，而不要只注意某个人，并且内容、话题也应照顾到每个人。如果已经有人在谈话，而自己没被邀请时，应立即找理由退出，不要硬性加入谈话群体。

5. 话题应尽可能投人所好

交谈中不要问使人觉得窘迫的问题，也不应攻击任何宗教、政党、国籍、种族，尽量多称赞对方的优点，对女士不能谈及年龄，应避免探寻他人隐私或批评、询问经济状况的话题。

6. 讲究聆听的艺术

别人谈话时不要插嘴，两人如果同时开口时，要礼让地说："对不起，您先讲。"听话者应表现出有兴趣聆听的态度，不要流露出不耐烦的神态。

二、交谈的技巧

1. 说话时要热情、真诚、耐心

美发师说话时的亲切态度，能缩短与顾客的距离，使顾客感到温暖、亲切。

真诚的对话往往能让顾客感到信赖，耐心能让顾客感到受尊重。

2. 把握好语气、语调、语速

美发师说话的语气应该不卑不亢，语调不能过于平淡，语速应该适中。

3. 措辞要简洁、专业、文雅

美发师说话应简洁而不啰唆，要用专业的措辞来获得顾客的信赖。美发师说话应文雅，多用敬辞以表示尊敬和礼貌，如“请”“您”“包涵”“打扰”“拜托”等。

三、常用的服务用语

在服务中，美发师经常会用到表示问候、迎送、请托、致谢、征询、应答、赞赏、祝贺、婉拒、道歉等类型的服务用语。服务用语是否说得标准，也会影响服务的质量。

1. 问候

（1）标准问候语。标准问候语由人称、时间、问候语组成，如“王先生早”“李小姐下午好”等。

（2）问候多位顾客的原则

1）统一问候，如“大家好”“各位晚安”等。

2）由尊而卑，如“张总好、李经理好”等。

3）先女士后男士，如“小姐好、先生好”等。

4）由近到远，如“你好、你好”等。

2. 迎送

（1）欢迎用语，如“欢迎光临”“欢迎”“欢迎您的到来”“欢迎光临本店”“欢迎再次光临”等。

（2）送客用语，如“再见”“慢走”“走好”“欢迎再次光临”“一路平安”“多多保重”等。

（3）注意。在说话时，应恰当地辅以动作，如注视、点头、微笑、握手、鞠躬等。

3. 请托

请托一般在以下两种情况中用到。

（1）不能及时为顾客服务时，如“请稍候”等。

（2）打扰顾客或者请求顾客帮忙时，如“劳驾您……”“拜托您了”“对不起，打扰一下”“麻烦您帮我一个忙”等。

4. 致谢

（1）标准式，如“谢谢您”等。

（2）加强式，如“万分感谢”“感激不尽”“非常感谢”“ 太感谢您了”等。

（3）具体式，如“有劳您为这件事费心了”等。

5. 征询

当顾客举棋不定或思考某个问题时，美发师要把握好时机及时征询顾客的意见，征询也有三种类型。

（1）主动式，如“给您做个头部按摩吧？”等。

（2）封闭式，如“您觉得做个直板烫怎么样？”等。

（3）开放式，如“您是要烫卷发还是烫直发？”等。

6. 应答

（1）肯定的应答，如“是的”“好的”“一定照办”等。

（2）谦恭的应答，如“这是我的荣幸”“请多多指教”等。

（3）谅解式应答（当顾客做错了事情的时候），如“没关系”“不要紧”“您不必介意”等。

7. 赞赏

当顾客对某事提出了独特的见解或做出了很好的选择后，美发师可以不遗余力地赞赏他。赞赏的方法有以下三种。

（1）评价式赞赏，如“太好了”“帅多了”“真有风度”“漂亮极了”等。

（2）认可式赞赏，如“您真内行”“您说得太对了”“正如您所说的那样”等。

（3）回应式赞赏，如“这个主意真不错”“您的品位真好”等。

8. 祝贺

如“节日快乐”“祝您身体健康”“祝您永远年轻美丽”等。

9. 婉拒

（1）当尽力了又帮不了顾客时可以说：“十分抱歉，我帮不了您！”

（2）帮不了顾客时应该给一个合理的解释：“抱歉，不能再打折了，这是公司的规定！”

10. 道歉

给对方带来不便或打扰对方时，应该学会道歉，如“对不起”“失礼了”“不好意思”“请多包涵”等。

四、话题的选择

1. 可谈的话题

（1）最近及预期未来的美发流行趋势与信息。

（2）皮肤保养、化妆、健身、减肥等。

（3）饰品佩戴、服装款式搭配、色系选择等。

（4）美发店近期要推出的优惠、赠品活动等。

（5）美发店新引进美发用品的优点与操作方法等。

（6）各种体育运动与休闲活动，如游泳、钓鱼、旅游等。

（7）业余爱好。

（8）美发专业知识。最重要且必须谈的就是专业知识，作为一名美发师，要对顾客的头发进行分析，对顾客的发型提出建议，提供保养和护理的意见。这些话题不仅让顾客觉得受到了关心，还可以达到销售美发用品的目的。

2. 不可谈的话题（禁忌）

（1）不太能确定对方是否有能力回答的问题尽量少提出。否则，当对方答不出时，会感到尴尬，认为美发师很不知趣。

（2）避免问及对方的私事。对顾客不要追问每月收入多少，多大年纪，体重多少，钱的使用方式等。当然，顾客在交谈中愿意主动讲述的例外，但以不追问为原则。

（3）不要在营业场所谈论美发店的缺点、曾经失败的做法或同事、朋友的隐私。

（4）不要针对一个问题追根究底。很多敏感的话，顾客说出来只是随口带过，美发师该听得出来，顾客并不想认真地讨论。若是顾客对同一个问题重复提出来，那可能表示想要讨论，或者是想要让美发师更清楚地了解。

（5）不要向顾客夸耀自己如何享受生活，不要一直谈自己有多风光、多有成就。

（6）不要老是重复同一个话题。重复说同一个话题会让人觉得烦闷、不新鲜、很无趣。

（7）不要问顾客为什么会去某个地方或去做某件事。

（8）别向顾客诉说自己不幸的遭遇或发牢骚。

（9）对于自己不知道的事情，不要乱猜乱说。

培训单元 3　接待服务基本流程

了解美发接待服务基本流程。

掌握各服务环节的接待规范动作及礼貌用语。

随着社会的不断发展和进步，随着人们对美的不断追求，美发已成为美化生活、增强自信、满足职业需要、提高生存品质的一种更高需求和享受。

美发接待服务基本流程包括：迎客接待→入座奉茶→需求咨询→美发操作→效果与感受确认→引导结账→送客出门。

一、迎客接待

迎客接待是顾客进门时的第一个服务流程。第一印象和感觉十分重要，迎客接待服务好不好关系到是否留得住顾客。一般大型美发店专设接待员，而中、小型美发店为节省费用不专设接待员，由收银员兼做接待，或由靠近门口的美发师负责接待，或由美发师轮班负责接待。

二、入座奉茶

引导顾客入座后，要奉上一杯茶水，让其感到亲切、温暖、有宾至如归的感觉。只要顾客愿意坐下，就可能会有为其服务的机会。如顾客需要脱衣摘帽，美发师要主动协助，并将衣帽挂好。

三、需求咨询

出示各种发型杂志、服务价目表等，了解顾客需要解决的问题，找出顾客的需求，如洗发、修剪、烫发、染发、护理等。

四、美发操作

了解顾客需求后，引导其到相应的操作区域就座，并依据顾客需求进行洗发、按摩、烫发、染发、剪发、吹风等操作。

五、效果与感受确认

美发操作完成后，用后视镜让顾客看一下发型的全部效果，帮其分析做前与做后的不同之处，这时可多用赞美的语言。

六、引导结账

告知顾客完成服务，并引领顾客至柜台结账。

七、送客出门

协助取出顾客寄放的物品，并协助顾客穿戴好衣帽，提醒顾客不要忘记随身物品。开门行礼，送顾客出门并礼貌地向顾客道别。送客出门后要及时清扫场地并整理物品。

培训项目 2　服务介绍

培训单元 1　服 务 项 目

培训重点

了解男士美发服务项目内容。

了解女士美发服务项目内容。

一、男士美发服务项目

随着时代的发展，男士美发服务项目更加丰富，以下所介绍的服务项目可以单独操作，也可几项一起操作，应根据顾客的要求而定。

1. 洗发

洗发是指用洗发液清洁头皮，洗净头发上的油脂、灰尘、头皮屑和污垢，并使头发保持湿润，为修剪、吹风等做好准备。

2. 剪发

剪发是男士美发最基本的项目，即运用电推剪、剪刀、剃刀等工具，根据顾客的要求以及顾客的发质、脸型、头型等条件，推剪或修剪适合顾客的发型。

3. 修面

修面是男士美发操作的一个重要项目，修面操作是使用剃刀将脸上的胡须和汗毛剃干净。

4. 烫发

烫发是使用化学烫发类用品使头发的形态发生变化，达到卷曲的目的，增加发型的美感。

5. 染发

染发不仅能遮盖白发，还能改变头发原有的颜色，丰富发型的表面纹理。

6. 按摩

美发业的按摩是一种保健按摩，通过按摩可以使顾客消除疲劳。按摩可以是单项服务，也可结合其他美发服务进行。

7. 吹风

吹风是美发操作过程中的最后一道工序，通过吹风可以塑造各种不同的发型。

二、女士美发服务项目

女士美发服务项目比男士美发服务项目多，主要有洗发、剪发、吹风、烫发、做花、束发、漂发、染发及选配假发。

1. 洗发

女士洗发一般在剪发前进行，先洗发后修剪。洗发时应冲洗两遍，目的是清洁头皮，清除头发上的油脂、灰尘、头皮屑和污垢，为修剪、吹风等做好准备。

2. 剪发

剪发是美发的基础，起着决定发型的重要作用。剪发时根据顾客的要求以及顾客的发质、脸型、头型等条件，将头发修剪成不同轮廓、不同层次、不同长短的各种发型。

3. 吹风

吹风是美发操作过程中的最后一道工序，通过吹风可将头发塑造成各种不同的发型。

4. 烫发

烫发可以使头发产生质的变化，达到直发变卷或卷发变直的目的。烫发可增加发型美感，使头发蓬松、柔顺，便于梳理，并增加发型的持久性。

5. 做花

做花又称水烫。做花是烫发后在卷发的基础上进行卷盘，并用发夹固定，通过烘发机将头发烘干，然后再梳理成各种式样的发型。

6. 束发

束发是指通过盘卷、梳辫、挽髻，并借助点缀的饰物而塑造发型。

7. 漂发、染发

漂发是将头发里的色素部分退去，在头发中以剩下的颜色作为染色的辅助色。染发是使用染发剂改变头发原有的颜色，如白发染成黑色，原发色染成棕色、咖啡色、酒红色等。

8. 选配假发

假发是人工制作而成的头发制品。其用料有真发也有人造发，形式有假发套、发帘、假发圈、发片、发花等。其作用是弥补稀发、秃顶或其他缺陷，达到美化发型的目的。

培训单元 2　服务程序与质量标准

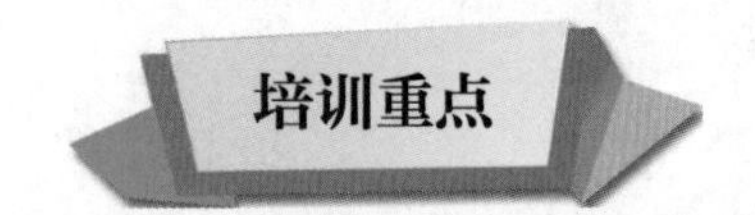

了解美发服务程序。

掌握美发服务项目的质量标准。

一、美发服务程序

1. 男士美发服务程序

男士美发服务一般分为五个阶段，即准备阶段、洗发阶段、推剪和修剪阶段、剃须和修面阶段、吹风造型阶段。

（1）准备阶段。准备阶段包括两个方面，一是顾客进门时热情地接待，引导顾客到美发椅前入座；二是迅速准备好工具和用具，并对顾客进行大致观察，掌握脸型、头型及发质，并做好相应的准备工作。

1）做好防护。为顾客衬干毛巾和围围布，并根据需要做好相关防护。围围布时，应从顾客的右前侧将围布打开，自胸前向后围，覆盖在顾客的胸前，护住腿部。

2）梳顺头发。用大柄梳按头发流向将头发梳通，以便操作，并借以了解发质及头部有无伤疤、疥疮等。如果顾客头发蓬乱、曲翘，不易梳顺，应用喷水壶喷湿头发，使头发平伏。夏季汗液较多时，可在顾客颈部沿发际线扑爽身粉，使头发干燥，便于修剪。

（2）洗发阶段。洗发时用水和洗发液清洗头发、头皮，洗发是为了保持头皮和头发清洁，洗发的质量与吹风造型有密切关系。

1）涂洗发液。

2）抓洗头发。

3）按摩。在抓揉头皮时，要在顾客头部的穴位上进行适当按摩。按摩可以缓解疲劳和紧张，还可以缓解头痛症状。

4）冲洗。调节水温，冲透洗净头发，用毛巾擦干头发、面部和颈部。

（3）推剪和修剪阶段。男士美发质量的好坏主要体现在推剪和修剪上。推剪解决色调和轮廓，修剪修饰轮廓和调整层次。

1）推剪程序。一般从右鬓角的发际线开始，经耳上部到脑后部，再到左鬓角，依次推剪发型的色调和轮廓。

2）修剪程序。一般将头发分区后，从右鬓角开始分层修剪，按照耳上部、脑后部、左鬓角的顺序修剪。修剪时，先用梳子把头发梳理通顺，每层修剪的角度、留发的长短要按照发型式样决定。

3）刷去碎发及头皮屑。推剪和修剪阶段基本结束后，使用钢丝刷按顺序刷除碎发和头皮屑，以免落入颈内或散落到衣服上。

（4）剃须和修面阶段

1）涂剃须膏。用消毒好的胡刷将剃须膏打沫（或者使用专用剃须泡沫），均匀地涂在胡须部位。

2）捂热毛巾。将消毒好的热毛巾折成长条形，覆盖在胡须上，使胡须更柔软一些。热毛巾的温度要适中。

3）趟刀或更换刀片。剃刀的刀锋非常脆薄，用过一次后，刀锋可能有轻微变形，刀锋也容易钝。因此，必须在操作前将剃刀在趟刀布上来回刮几下，以保持刀锋平整、锐利。如使用换刃式剃刀，操作前要更换剃刀刀片，这样可以使剃刀锋利，并保证卫生。

4）剃须和修面。先剃胡须，再刮去脸上汗毛，然后用消毒毛巾擦脸并涂上须后水和润肤霜以保护皮肤，帮助毛孔收缩。

（5）吹风造型阶段

1）吹风造型。吹风一方面可以把洗发后潮湿的头发吹干，另一方面可以借助热风，在梳子和发刷的配合下，把头发梳理成顾客所需要的发型。

2）照后视镜。服务完毕后，要请顾客检查一下美发效果，可以用后视镜在顾客身后把后颈部的发式反照在正面的大镜子里，征求顾客意见，必要时还应根据顾客意见做一些修改，以求完美。

2. 女士美发服务程序

女士美发服务项目主要有洗发、剪发、吹风、烫发、染发、束发、做花等，各项目的操作程序如下。

（1）洗剪吹的操作程序为洗发→修剪发式→吹风造型。

（2）烫发的操作程序为洗发→修剪发式→烫发操作→吹风造型。

（3）染发的操作程序为染发→洗发→修剪发式→吹风造型。

（4）束发的操作程序为洗发→盘卷→烘干→束发操作。

（5）做花的操作程序为洗发→修剪→烫发→盘卷→烘干→吹风造型（梳刷波浪、束发均可）。

二、美发服务项目的质量标准

1. 男士美发项目的质量标准

（1）色调匀称，左右对称。色调是肤色与发色相衬而产生的，主要体现在中部，即从基线发根露出肤色到发式轮廓线位置肤色逐渐隐没。色调从下往上由浅入深，不可以推剪成黑一块、白一块，也不能黑白分明，更不应出现凹凸不平的现象。两边留发长短、色调深浅、轮廓位置高低等均要求左右对称。

（2）轮廓齐圆，厚薄均匀。轮廓主要是中部和顶部衔接而形成的重量区。无论从哪个角度看，顶部都应是一个圆弧形的轮廓（平头除外），自脑后形成倒坡形，轮廓周围的发梢修剪整齐，层次、纹理及厚薄要均匀。

（3）高低适度，前后相称。左右鬓发是轮廓的组成部分，除了留鬓角外，在电推剪向上移动时，也要保持色调的匀称。从侧面看，发式轮廓线应为前高后低的弧形，要求前后相称。

2. 女士美发项目的质量标准

（1）女士剪发的质量标准

1）层次调和，长短有序。头发从上到下应用弧线或直线连接，没有脱节现象。

2）厚薄均匀，两侧相等。头发之间融合性好，无明显排斥而引起头发不伏贴，各部位之间厚薄均匀。

3）轮廓圆润，四周衔接。发型的轮廓与头部曲线相称，两侧与后部自然衔接，无脱节现象。

（2）女士吹风造型的质量标准

1）线条流畅，纹路清楚，结构合理。额前、顶部、两侧饱满，具有特定的发型特点。

2）轮廓饱满，能配合脸型，遮盖头型的缺点。

3）发型自然、流畅，没有做作之感。

4）发型牢固持久，方便梳理。

思考题

1. 简述美发师的基本站姿、坐姿及走姿要求。
2. 简述美发师常用的服务用语。
3. 简述男士美发服务项目的程序和质量标准。
4. 简述女士美发服务项目的程序和质量标准。

职业模块 3 洗发与按摩

内容结构图

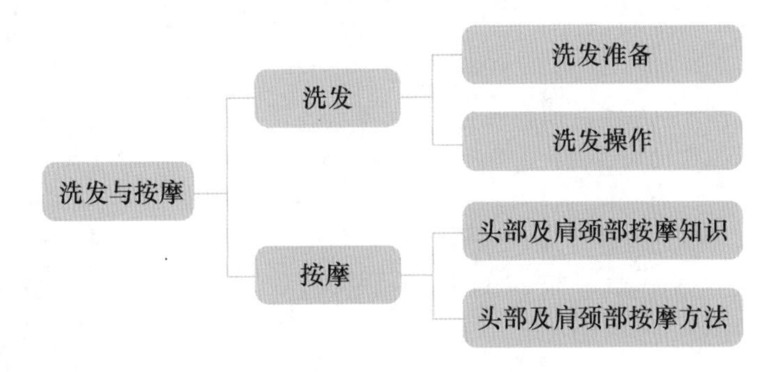

培训项目 1 洗发

培训单元1 洗 发 准 备

了解发质的分类及特性。

掌握各类洗发用品、护发用品的常识。

掌握洗发前梳理头发的方法。

一、发质的分类与识别

1. 发质的分类

美发师主要是用眼睛看、用手摸来识别发质。

（1）油性发质。头发由于油脂分泌太多，不论在视觉上还是触觉上都很油腻，并伴有许多头皮屑脱落。

（2）干性发质。头发由于自然油脂和水分不足，在视觉上光泽度不强，触摸时有粗糙感。

（3）中性发质。头发比较健康，视觉上柔滑光亮，触摸时有柔顺感。

（4）受损发质。受损发质的特征为头发干燥，触摸有粗糙感，缺乏光泽，颜色枯黄，容易折断，发尾分叉，不易造型。

2. 发质的识别

（1）看。眼睛可以观察头发捕捉若干信息。中性发质头发乌黑、柔润、亮泽、有弹性；干性发质头发蓬松，缺乏油脂；油性发质头发油脂较多，光亮、柔韧、有头皮屑且较黏；受损发质头发枯黄、干燥、无光泽。

（2）摸。对美发师而言，手的触觉是十分重要的，通过触摸能判断头发的质地。手感柔滑、有弹性的头发属于中性发质；手感粗糙、干燥的头发属于干性发质或受损发质；手感细软，无弹性的头发属于油性发质。

（3）嗅。不洁的和有头皮疾患的头发会有异味，健康清洁的头发则无异味。

（4）询问。向顾客询问有关头发的情况，如常使用什么洗发液，头皮、头发有什么反应，烫染情况等。

（5）倾听。倾听是指听顾客谈论头发健康状况以及平时的习惯，可从中得到若干信息。

美发师通过以上这些方法可以对顾客的头发有一个大致了解，再进行综合分析，即可制订一套洗护头发的方案。

二、洗发用品的特性

1. 日常洗发用品

日常洗发用品主要是指洗发液和护发素。洗发用品的种类通常可分为受损发质用、中性发质用、干性发质用和油性发质用的洗发液，也可分为去除头皮屑洗发液、天然植物洗发液、婴儿洗发液等多种。其作用是清洁头皮和去除头发表面污垢、油脂、灰尘、头皮屑及残留在头发上的其他化学用品。理想的洗发液泡沫丰富、去污力强、无刺激、易于冲洗，在护发素的作用下，洗后头发柔软、有光泽、易梳理，并不产生静电。

2. 专业洗发用品

（1）烫后洗发液。其能平衡头发的结构组织，使烫后头发卷度更持久有力，并更有弹性。

（2）染后洗发液。其能有效控制褪色现象并能滋润头发，令发色更为亮丽。

（3）去头皮屑洗发液。其能有效彻底地去除头皮屑，并能止痒和防止头皮屑再生。

（4）防脱发洗发液。其能促进头皮的血液循环，改善发根营养，可有效防止脱发，令头发更易梳理，充满自然光泽。

（5）敏感性头皮用洗发液。其能防止头皮发炎，保持头皮的天然湿度与平衡，同时强化头发的结构组织，使头发更柔顺、富有光泽。

三、水质对头发的影响

一般情况下，水有软硬之分，硬水的矿物质（主要是镁和钙）含量特别高。不同地区的水质软硬度差别很大，会对头发产生不同程度的影响。通常来说，软水比硬水好。硬水会导致头发干燥，而且在洗发后难以彻底漂洗掉洗发水和护发素，容易导致残留物积聚在头发上，使头发看起来没有光泽，甚至造成头皮干燥和瘙痒。

硬水洗发后马上能感觉到的影响是更难梳理。许多用硬水洗发的人发现头发很容易变得凌乱，难以梳洗，并容易有洗发液残留物。这会导致油垢积聚在头发和头皮上，让头发变得暗淡无光。

硬水对头发的另一个影响是这种水对头发有刺激。染发、烫发或焗油的人会发现护理效果很快被洗掉，需要更频繁地养护头发。一些人发现硬水会使头发变得稀疏或容易折断，再加上频繁地进行头发护理，通常会导致头皮屑增多和瘙痒。

四、头发护理常识

1. 护发素及其选用

护发素是一种比较大众化的护发用品，pH 值为 4 ~ 5，比头发的 pH 值略低。

洗发过程中，用清水将洗发液洗净后，把偏酸性的护发素涂抹在头发上，这样能够使头发张开的表皮层合拢，酸碱中和，对头发起保护作用。同时，其中的阳离子可以中和残留在头发表面的阴离子，并留下一层均匀的单分子膜。这层单分子膜能使头发柔软、抗静电、易于梳理，并对损伤的头发有一定程度的修复作用。

油性发质可选用水分较多的护发素，干性发质和受损发质可选用偏酸性营养护发素，中性发质可选用普通的护发素。

2. 头发的护理措施

（1）开叉的头发。必须剪去发尾开叉的头发，否则无法进行护理。

（2）干枯的头发。增加头发的营养、油脂使其有光泽，防止干燥。

（3）烫、染过的头发。使用烫后、染后头发护理用品可以清除残留的化学沉淀物，恢复头发正常的 pH 值，防止继续氧化，聚拢头发表皮层形成保护膜。

五、洗发前梳理头发的方法

洗发前先要经过一个细致的梳、刷、篦、抖、掸的过程，通过美发师的细心操作，能使顾客感到头部轻松舒适。

1. 梳发

用粗齿梳（或大号梳子）将顾客的头发梳通、梳顺，同时检查顾客的头皮上有无伤疤、疥疮等。

2. 刷发

用钢丝刷由四周发际线依次向头顶部刷发，可以去除头皮屑、污垢等；促进头皮新陈代谢，并使头发光泽亮丽；刺激头皮和发根，增进血液循环；止痒，产生舒适感。

（1）刷发要领。用手稳稳地拿住刷子，以手腕的回转使刷子完成刷发动作。刷子应稍微倾斜地靠在头发上，并配合头型的弧度朝美发师身体方向刷，如图 3–1 所示。

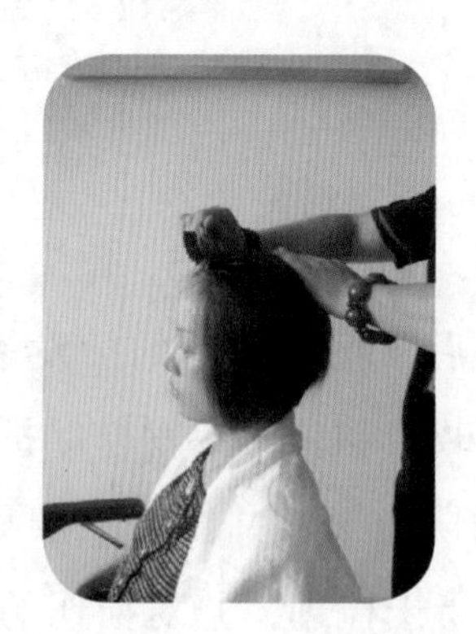
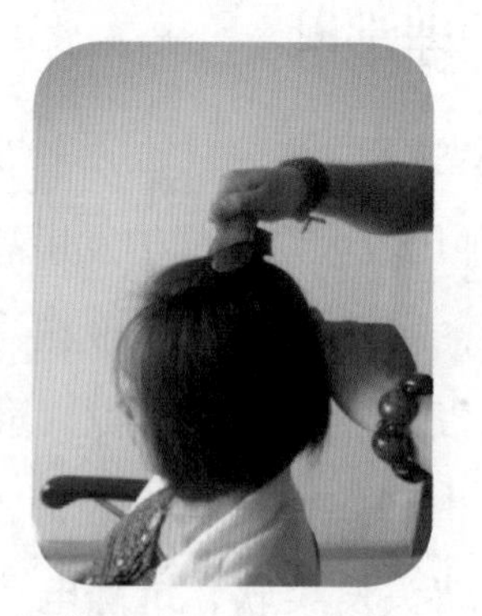

图 3–1　刷发

（2）刷发的顺序

1）以额头的发际线中点为基准线，用刷子顺着头顶中央部位由前向后刷，如图 3–2 所示。

2）刷子往右移动继续刷发，如图 3–3 所示。刷子刷到后颈部的中央时，再回到原来的位置，以同样的方法刷几次。注意不要刷到发际线以外，特别是不要刷痛耳朵及脸部。

3）以同样的动作刷左侧头发，刷到后颈部的中央时，再回到额顶的中央开始刷，如图 3–4 所示。

4）沿发际线由左至右往头顶中央刷一遍，如图 3–5 所示。

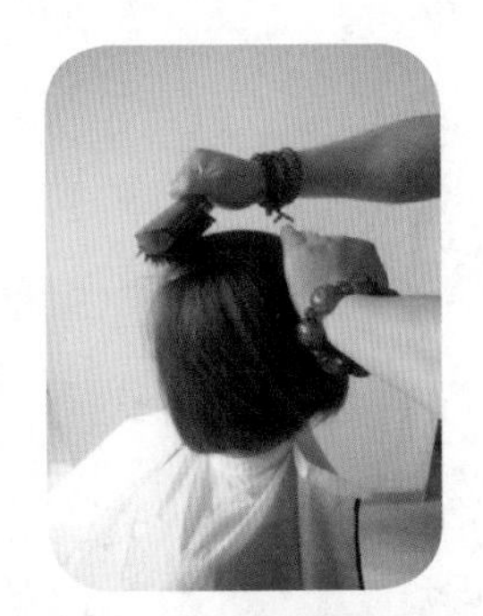

图 3–2　刷头顶中央部位头发

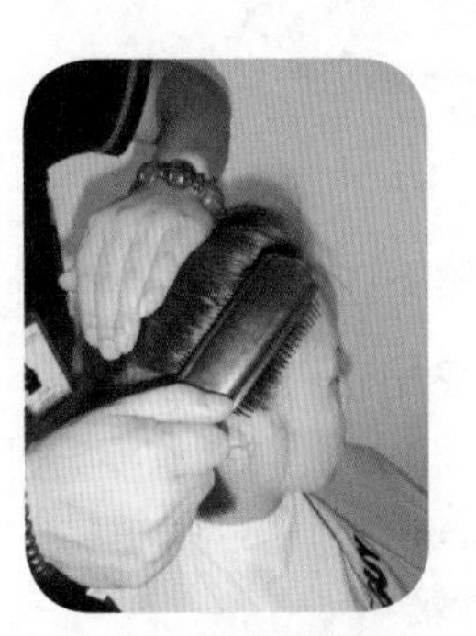

图 3–3　刷右侧头发

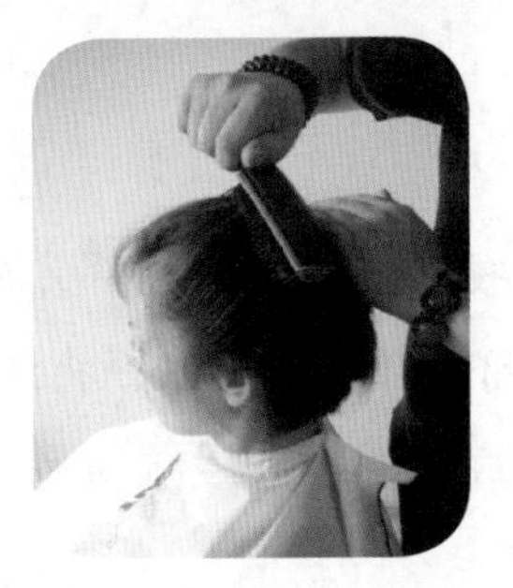

图 3–4　刷左侧头发

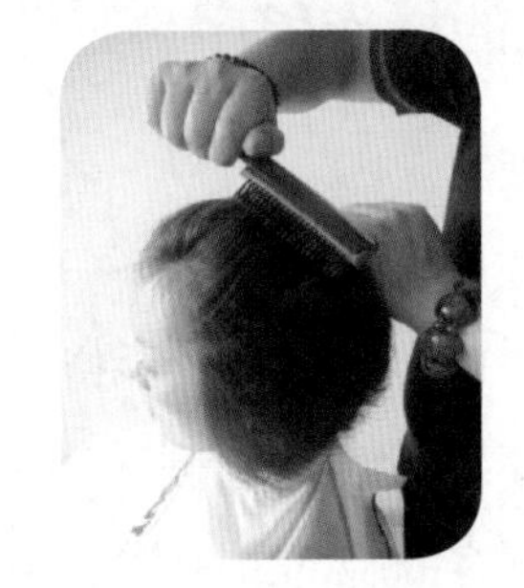

图 3–5　沿发际线刷发

3. 篦发

用篦子从前额发际线中点经顶部至后枕部篦发，再依次从前发际线的左、右两侧经左、右顶部至后枕部篦发。

4. 抖发

两手十指张开并伸入头发根部，从顶部依次抖动头发根部，将头皮屑、污垢及分泌物抖落下来。

5. 掸发

用掸刷从头顶部、顾客脸部、四周颈部将头皮屑、污垢及分泌物掸净。

经过以上过程后，要将围布、干毛巾从顾客的身上轻轻地撤下来抖干净，再重新围好，准备洗发。

培训单元 2　洗 发 操 作

掌握坐洗、仰洗的操作程序。

了解洗发效果不佳的原因。

能够进行坐洗和仰洗操作。

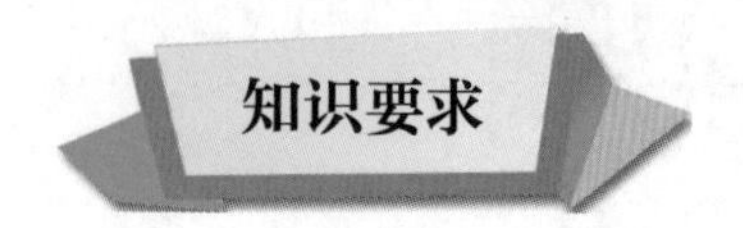

一、坐洗的操作程序

1. 涂洗发液

操作者站在顾客正后方，一只手将洗发液涂于顾客头顶部，在头顶部做顺时针或逆时针方向旋转，另一只手持小水瓶，向头部缓缓加水，将洗发液打出泡沫，然后均匀涂抹于前发区、两侧区和后颈区，直到洗发液浸湿所有头发。注意洗发液不要滴落到顾客的脸部或颈部。

2. 抓擦

抓擦原则上应该以指腹为着力点，如顾客需要可用指甲轻抓头皮，但指甲必须剪短、挫圆，以免损伤头皮。抓擦的主要目的是止痒。由于头部已经由洗发液湿润，抓起来就比较润滑。顺序是：两手先从前发际线向后做交叉移动，再从前额两侧提抓至顶部，接着从后颈部向上提抓。注意泡沫始终集中在头顶部。在抓擦过程中以头顶为中心，从前到中，从两侧向上至头顶，从后颈部向上至头顶，动作幅度要小，落指要轻。如果顾客感到某一部位特别痒时，可多抓擦几次，观察顾客表情或征求顾客意见，依顾客需求进行操作，要掌握好力度。

3. 冲洗

抓擦结束后请顾客坐到洗发盆处进行冲洗，并要求顾客头部前倾略低些，靠近洗发盆，以便操作。操作时，先打开冷水，再开热水，调节好水温，一般以 40 ℃左右为宜（要根据季节、室温和顾客的要求掌握）。拿起花洒，距头皮 5 cm

左右对准头部冲洗。花洒要以先四周、后中间的顺序做不同角度和方位的移动，使头皮、头发全部得到冲洗。冲洗时要用手指在头皮上轻轻抓擦，并在头发上轻轻抖动，将头发冲透、冲净。在冲洗后枕部时，左手张开虎口使拇指与食指成八字形护住颈部，让水沿耳郭向前通过鬓角向下流，以免淌入颈内。头发冲净后要涂抹适量护发素，涂抹要均匀，并让护发素在头发上停留 1 ~ 2 min，然后用水冲净。

4. 干毛巾包头

冲洗完毕，先用干净毛巾把头发上、脸上、颈部及额上的水擦去，再自颈部向上把头发兜入毛巾内包住，要求顾客抬起头来，确保四周发际没有水滴下。另外取一块热毛巾让顾客擦脸后，引导顾客入座，再取下毛巾并在头发上轻擦，把多余的水分吸干，将头发梳顺后，准备进行下一道工序。

二、仰洗的操作程序

1. 调节水温

水温以 40 ℃为宜，调节时可用手腕内侧确认水温。

2. 第一次冲洗头发

冲洗时要掌握好喷水角度，先沿发际线开始冲湿头发。在发际线周围用花洒向头顶部方向冲洗，其他部位花洒与头发呈直角方向冲洗，花洒距头皮 5 cm 左右。

3. 涂抹洗发液

将适量的洗发液均匀涂抹在头发各个部位。

4. 抓揉

双手沿着发际线以画圆圈的方式移动，轻轻抓揉出丰富的泡沫。

5. 第二次冲洗头发

（1）泡沫布满头发后，先用双手将头发集中在头顶中央，然后手指稍微伸直，配合头型，用指腹轻揉头部，并冲洗干净头发。

（2）从前额发际线开始冲洗至两侧，来回几次将洗发液冲洗干净。冲洗两侧时，用手掌挡住耳朵，以防水流进耳朵内。

6. 冲洗后颈部

将头轻轻托起，从后枕部开始冲水。两手配合，左手握花洒，右手托起头部，轻轻转动花洒冲洗，重复几次，将后颈部泡沫冲洗干净。

7. 第三次冲洗头发

从前额发际线左右至耳侧，由头顶至后颈两侧，再冲洗一遍。

8. 涂抹护发素

将适量护发素均匀涂抹在头发上，轻揉按摩。注意头皮上不要涂抹过多护发素，因为护发素过多会堵塞头皮毛孔，影响头发生长。

9. 将护发素洗净

冲洗方法同洗发冲水一样，将头发上的护发素冲洗干净。

10. 用干毛巾包头

用干毛巾将头发擦干并包好，扶住顾客颈部抬起头部，让顾客坐起。

三、洗发的止痒方法

止痒是洗发环节中的一个关键。痒的感觉是由于灰尘、微生物、分泌物等的作用而产生的。止痒的方法包括抓擦止痒、水温止痒、按摩止痒、药物止痒等。

1. 抓擦止痒

抓擦止痒一般针对头皮特别刺痒的顾客。例如，有些人长时间连续地挠痒也不解决问题，在这种情况下可以用手抓一下，同时用指腹进行摩擦或在洗发前使用钢丝刷、梳子梳刷头皮。在一般洗发时，由于洗发液的刺激，发际线处可用手轻微地抓擦一下。

2. 水温止痒

在冲洗过程中，边冲，边晃，边抖，同时逐渐加热，可以达到止痒目的。但在加热时应注意顾客的承受能力。

3. 按摩止痒

指腹和指甲并用，以指腹为主，结合头部穴位采用按摩进行止痒。

4. 药物止痒

洗发时使用含有止痒药物的洗发液，或洗发后用止痒水、酒精之类的制剂涂抹、摩擦头皮，可以使顾客感到舒适。

四、洗发操作的质量标准

洗发操作质量要求是将头发洗干净，洗发后发丝蓬松不黏，无头皮屑和污垢。

1. 发际线内泡沫丰富均匀

洗发时，发际线以内泡沫应丰富均匀，头发能充分浸润。

2. 泡沫不滴淌

洗发时要注意泡沫不要滴淌到顾客的脸部、颈部及围布上。

3. 抓擦手法正确熟练，顾客头部无大幅度的颠动

在洗发中正确、熟练地使用抓擦手法，双手左右交叉、前后交叉抓擦时顾客头部无大幅度的颠动。同时要注意顾客的感觉，抓擦应轻重适宜、自然轻松。

4. 冲洗干净头发

冲洗后，头发上无残留污垢、泡沫，头发滑润不黏，头发擦干后柔顺自然。

5. 毛巾包头平整不松散

洗发完毕后，用干毛巾包头要求毛巾平整伏贴、松紧适宜、不散落。

五、洗发效果不佳的原因

1. 发根不蓬松

这是由于头发没有洗干净、洗发液没有足量、抓擦不到位或使用的洗发液质量有问题。

2. 滑而起泡

这是由于洗发时在头发上涂洗发液并加水使之起泡后，没有对头顶发根加以彻底冲洗，使洗发液残留于头皮、发根上。洗完后，用梳子一梳，就把头皮上洗发液残留的部分梳下来而产生了泡沫。

3. 毛发上仿佛有层灰色的膜

造成这种现象的原因有三个：一是使用了劣质洗发液；二是洗发时间过长，头发毛鳞片受损；三是由于过度抓擦头发产生静电而吸附了一些灰尘。

4. 发丝缠绕不易梳理

造成这种现象的原因首先是洗发前没有梳理头发，其次是没有使用护发素。

5. 头皮屑仍然存在

这种情况的出现，一是洗发前梳理头发的工序未做好；二是洗发的工序未做到位，冲洗不彻底。

六、洗发效果不佳的处理方法

一般出现上述情况时，处理方法包括：重洗，并在重洗的过程中选择适当的洗发液；用梳子把头发发根梳几下，再进行冲洗；可以用点白醋来解决头发发灰的问题；洗发后一定要使用护发素，尤其是烫染过的头发。

技能要求

坐 洗

操作准备

1. 设施和用品准备

（1）整理、擦拭座椅，保持座椅整洁、无灰尘、无水滴。

（2）清洗洗发盆，确保洗发盆内无碎发。

（3）检查热水供应情况。

（4）准备洗发用品（洗发围布、钢丝刷、干毛巾、篦子、洗发液、掸刷、尖嘴水瓶、热毛巾、护发素、粗齿梳或大号梳子等），将所需洗发用品按工作程序依次整齐摆放在工具车上。

2. 协助顾客做好洗发前的准备

（1）帮助顾客收存好私人物品（应放进储物柜锁好，并将钥匙交予顾客）。

（2）协助顾客更换客袍。

（3）请顾客坐在洗发椅上，将双脚搁在脚垫上。

（4）先衬干毛巾，再用塑料隔膜围在干毛巾上，然后围围布，最后用一条干毛巾围在肩部。

（5）为顾客进行细致的梳发、刷发、篦发、抖发和掸发。

操作步骤

1. 在座椅上洗发操作

步骤1 操作者站在顾客正后方，两臂抬起，一只手将洗发液涂抹在顾客头顶，另一只手拿装有温水的小水瓶。

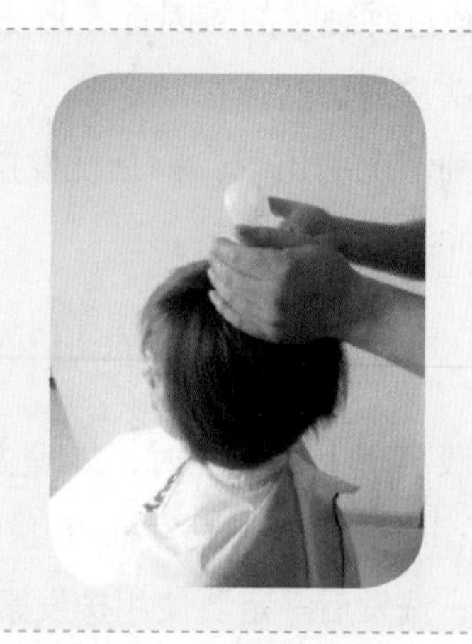

步骤 2　一只手用小水瓶缓缓加水，另一只手不停地在头顶做顺时针或逆时针方向旋转，将洗发液打出泡沫，然后均匀涂抹于顶部发区、前额发区、两侧发区和后颈部发区，直到洗发泡沫浸湿所有头发。

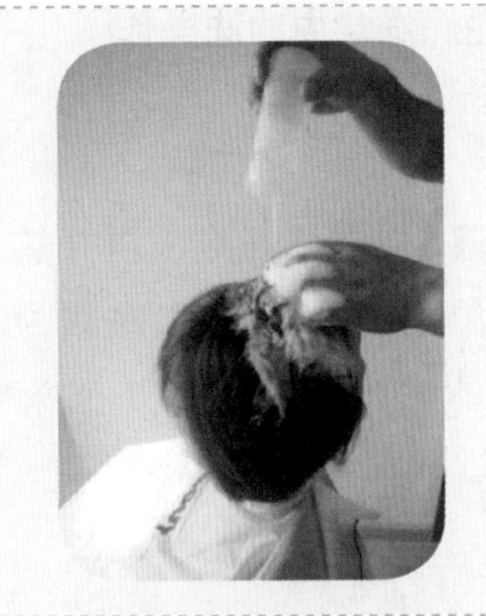

步骤 3　两手从前额发际线向后交叉移动抓擦。

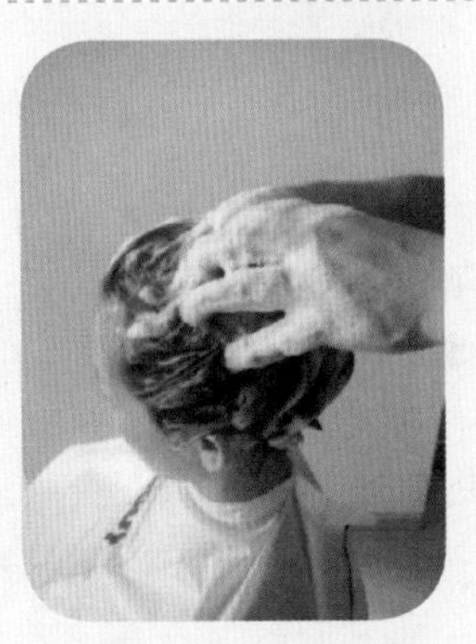

步骤 4　从左右两侧抓擦至顶部。

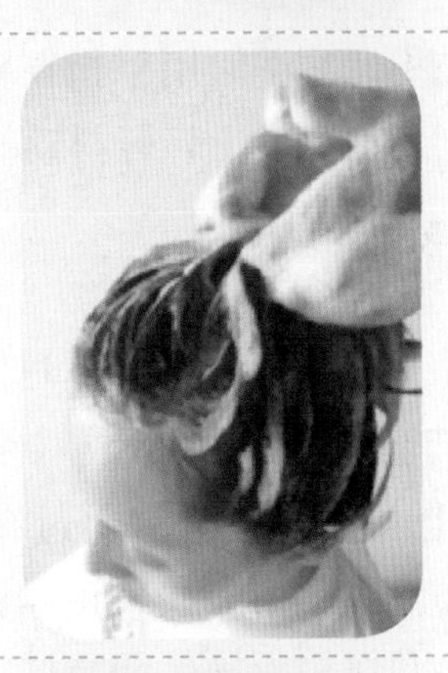

步骤 5　从后颈部向上抓擦至顶部。

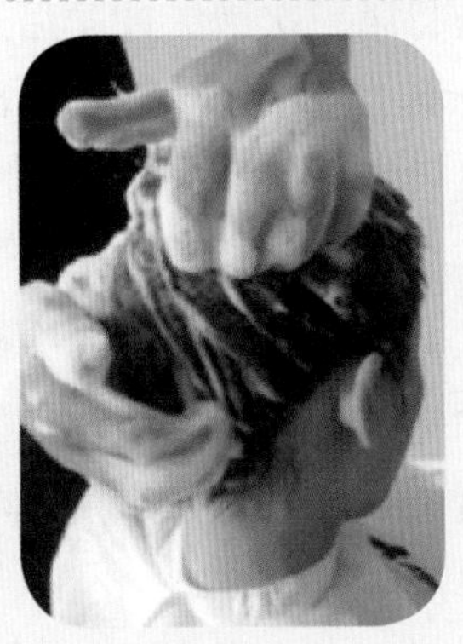

2. 在洗发盆中冲洗操作

步骤 1 先打开冷水再开热水，调节好水温，一般以 40 ℃左右为宜。冲洗时，请顾客身体前倾并把头略压低些，靠近洗发盆，以便操作。

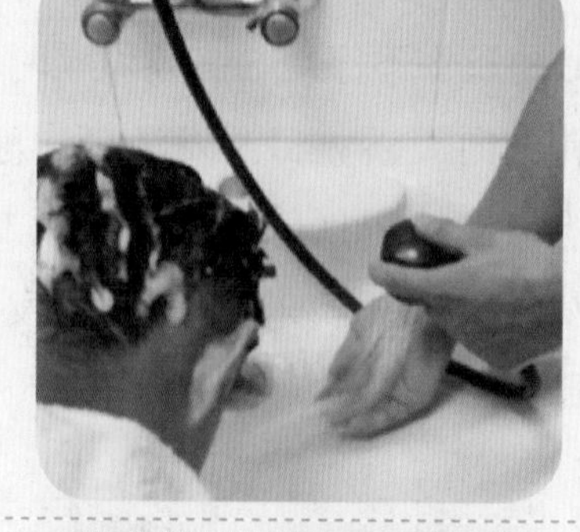

步骤 2 拿起花洒，距头皮 5 cm 左右对着头部冲洗。

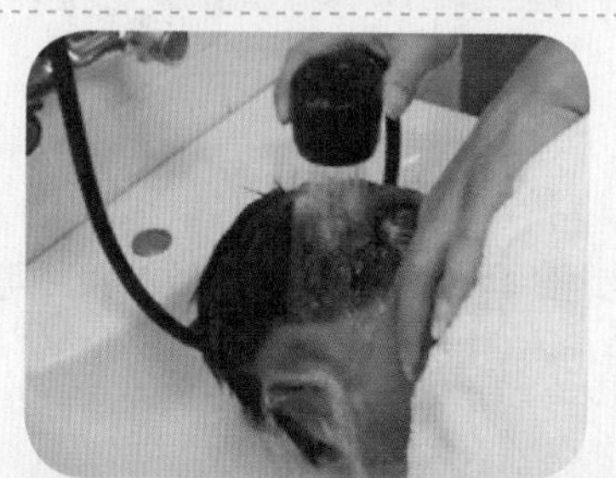

步骤 3 冲洗时用手指在头皮上轻轻抓擦，并在头发上轻轻抖动。

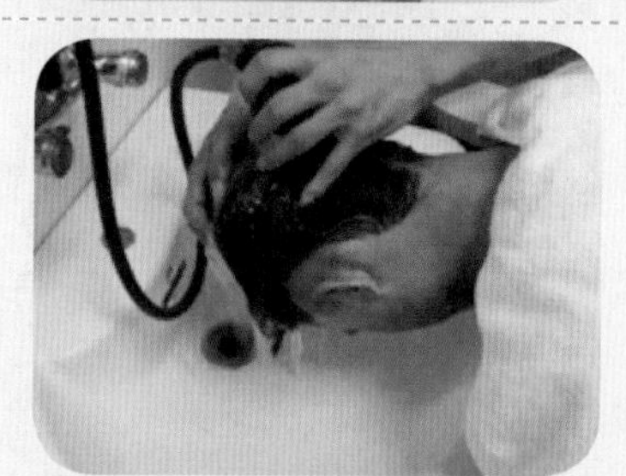

步骤 4 在冲洗后枕部时，左手应张开虎口使拇指与食指成八字形护住颈部，让水沿耳郭向前通过鬓角向下流，以免淌入颈内。如果顾客头发特别油腻，可将第一次泡沫冲净后进行第二次洗发。第二次洗发参照第一次抓擦方法，只是手指力度略轻于第一次。

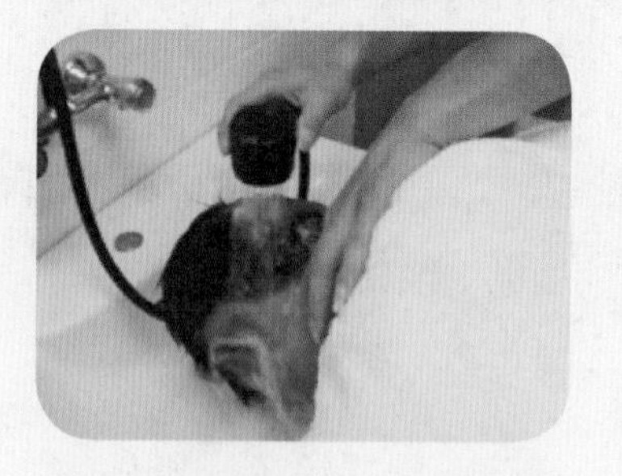

步骤 5 头发冲净后要涂抹适量护发素，涂抹时要均匀，并让护发素在头发上停留 1 ~ 2 min，然后用水将护发素冲洗干净。

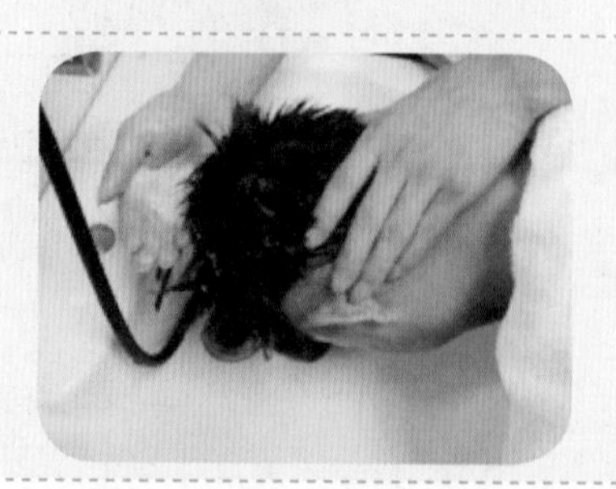

步骤 6 冲洗完毕后，先用干净毛巾把头发上、脸上、颈部及额上的水擦去，再自颈部向顶部把头发兜入毛巾内包住。要求毛巾包头平整、不松散，两耳露在毛巾外，顾客抬起头来时四周发际没有水滴下。

仰　洗

操作准备

同坐洗。

操作步骤

步骤 1 左手托住顾客颈部帮助顾客躺下洗发。

步骤 2 调节水温，以 40 ℃左右为宜。调节水温可用手腕内侧确认水温。

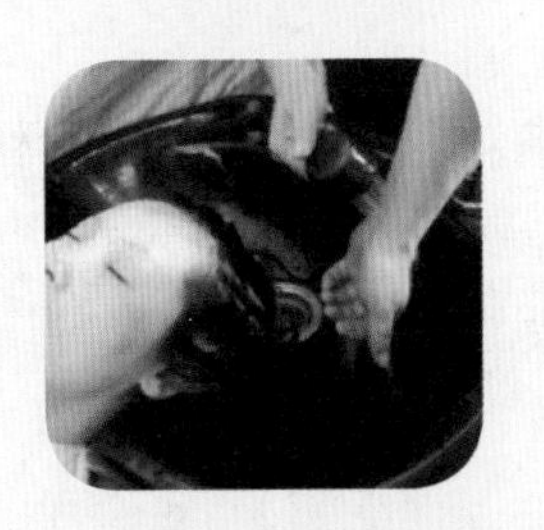

步骤 3 先用温水将头发冲湿。冲洗时要掌握好花洒的角度，先沿发际线开始冲湿头发，再冲湿其他部位的头发，花洒距离头皮 5 cm 左右为宜。

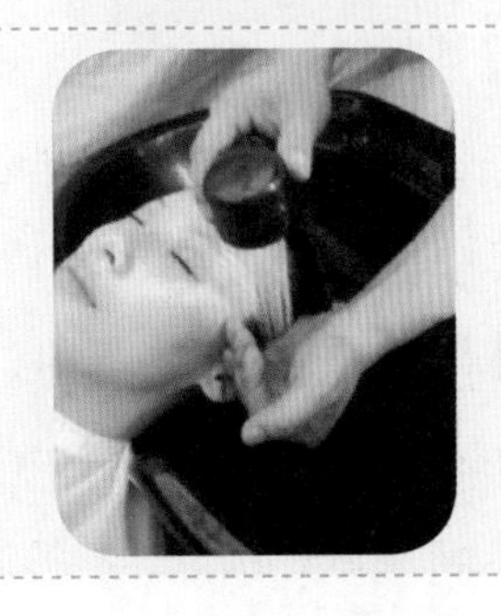

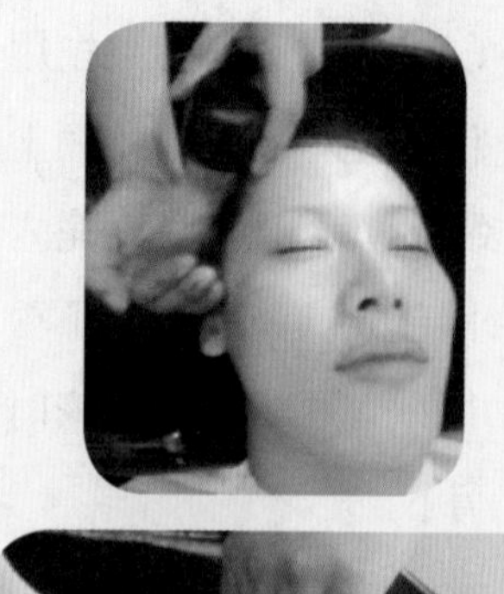

步骤 4　冲洗耳朵周围，注意勿让水流进耳朵内，要用手将耳朵挡住进行冲洗。

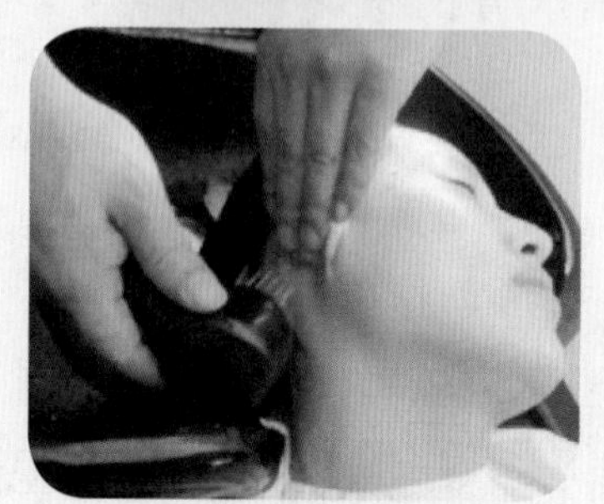

步骤 5　将适量的洗发液倒入手心，移放至顾客头顶部。

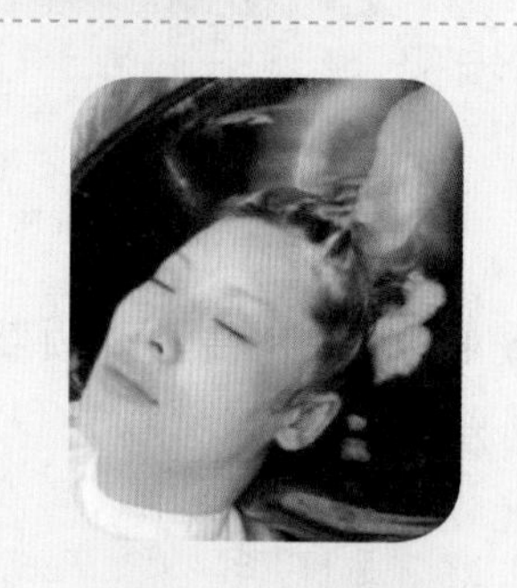

步骤 6　两手沿发际线以画圈的方式移动，使各部位的头发都产生较为丰富的泡沫。

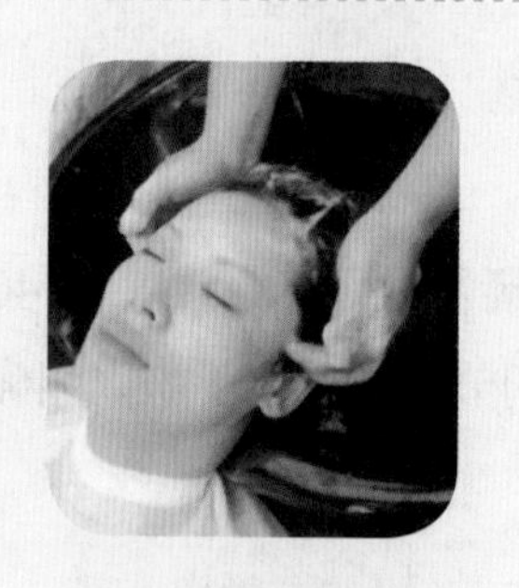

步骤 7　泡沫布满头部后，用两手将头发集中在头顶中央，然后再冲洗。冲洗泡沫时，手指稍微弯曲，配合头型，用指腹来轻揉头皮。

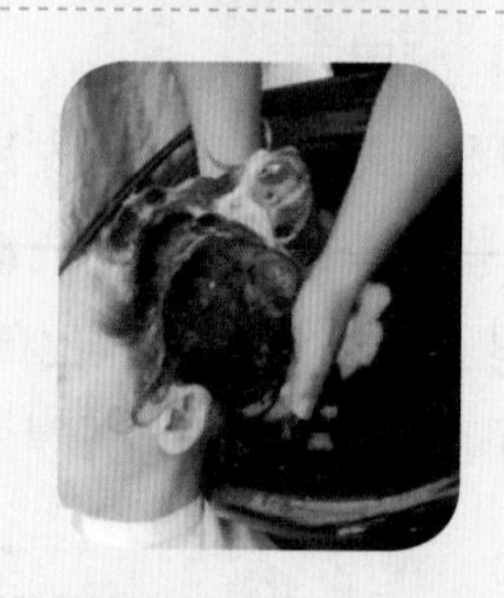

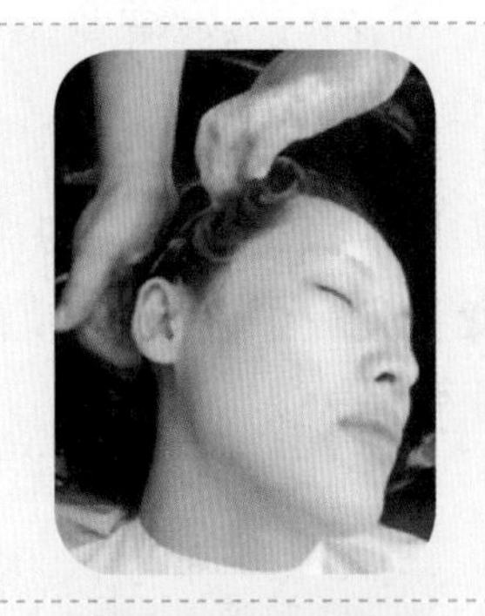

步骤 8 耳朵上方搓洗。从耳后以大的“之”字形动作向头顶搓洗，当双手在头顶碰到时，再回到耳后来回搓洗。

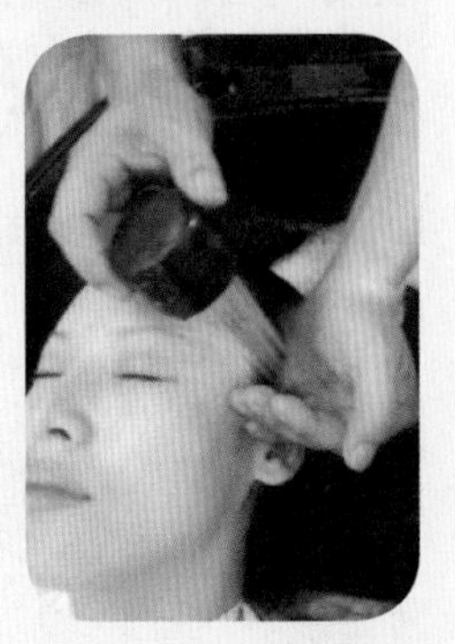

步骤 9 从右耳向左耳冲洗，来回洗。左手从前额发际线部位开始，以“之”字形动作移动，洗到头中心后，用同样的方法洗到两耳前，来回重复洗几次。“之”字形的动作幅度可大可小，当幅度大时稍微加重指尖的压力，当动作幅度小时放松手指即可。

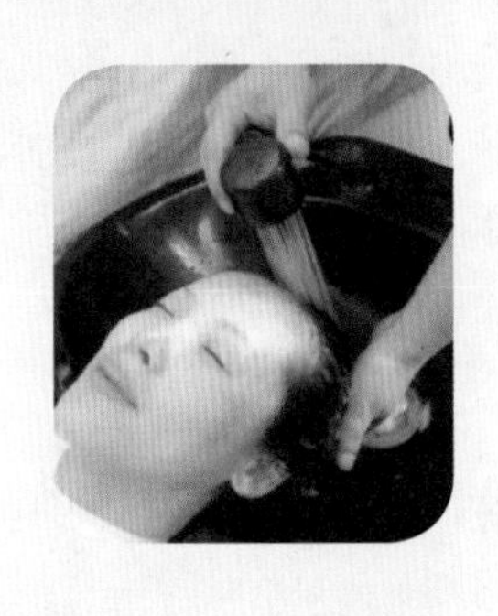

步骤 10 从头顶向颈部洗。手指小幅度从头顶向下移动，当移到后颈部时即基本洗好。慢慢地将顾客的头颈托高，从下向上洗，并改变方向由上往下洗，重复几次。慢慢地将顾客颈部放下，注意要将后颈部的泡沫冲洗干净。

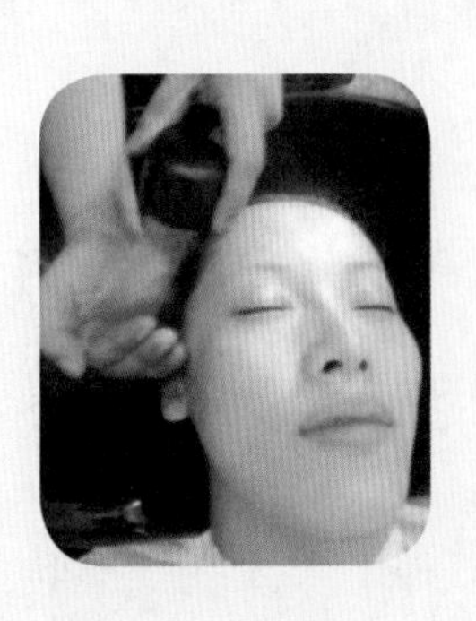

步骤 11 沿发际线冲洗并用手掌拍打。用温水沿发际线慢慢地冲洗。必须将头发散开，让水充分地冲到头皮与发根上，同时用手掌轻轻拍打。如果顾客头发特别油腻，需要进行再次洗发。再次冲洗时，从前额左鬓角的发际线开始，用前述冲洗方法反复洗两次。当搓洗耳后、颈部发际线、四周发际线等部位时，动作节奏可以适当地加快。

步骤12　将护发素均匀涂抹在发尾并轻揉头发，护发素保留1～2 min后冲洗干净。

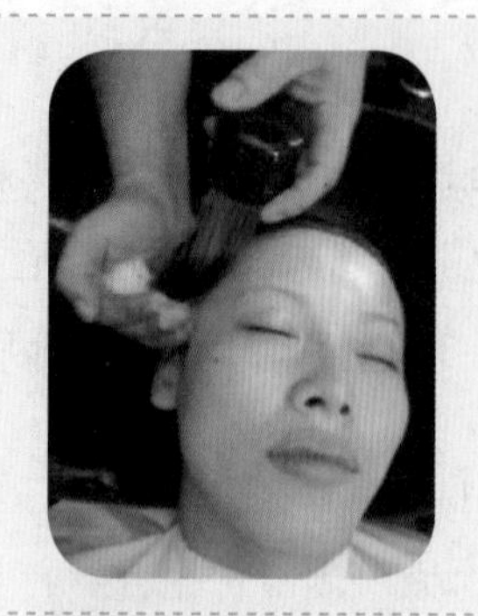

步骤13　用干毛巾将头发擦干并包好。

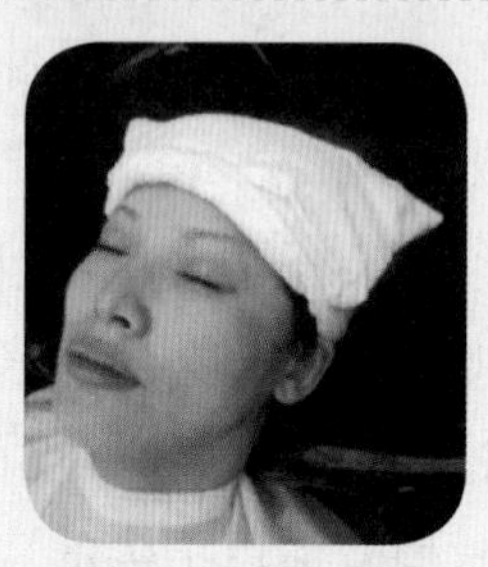

培训项目 2 按摩

培训单元 1　头部及肩颈部按摩知识

了解头部及肩颈部按摩的作用。

掌握头部及肩颈部按摩的常用手法和操作技巧。

掌握头部及肩颈部按摩的操作要求和操作禁忌。

一、按摩的作用

美发按摩我国古已有之，几百年来按摩一直是我国美发行业的传统配套服务项目。现代美发按摩主要在美发店进行。美发按摩一般是指头部按摩及肩颈部按摩。

美发按摩是指有选择地在几条经络上以指代针，以求疏通气血、调节功能、护理肌肤、活络筋骨，从而达到消除疲劳、振奋精神的目的，给顾客一种轻松舒适的享受。

二、按摩的常用手法

1. 点

点分为指点和屈指点两种。指点是用拇指的指端点压体表。屈指点又分为屈拇指点和屈食指点。屈拇指点是用拇指桡侧指间关节点压体表。屈食指点是用食指桡侧指间关节点压体表。这种方法作用面积小，刺激大。

2. 揉

揉分为掌揉和指揉两种。掌揉是将手掌大鱼际或掌根置于一定的部位或穴位上，腕部放松，以肘部为支点，前臂做主动摆动，带动腕部做轻柔缓和的摆动。指揉是将手指的指腹置于一定的部位或穴位上，腕部放松，以肘部为支点，前臂做主动摆动，带动腕和掌指做轻柔缓和摆动。操作时，压力要轻柔，动作要协调而有节律。

3. 抚

用指腹轻放于穴位上，进行缓慢而轻柔的直线来回或环旋的抚摩，此法为抚，操作时动作要平稳。在操作中抚法很少单独使用。

4. 摩

摩分为掌摩和指摩两种。掌摩是用掌面附着在一定部位上，以腕关节为中心，连同前臂做节律性的环旋运动。指摩是用食指、中指、无名指的指腹附着在一定的部位上，以腕关节为中心，连同手掌做节律性的环旋运动。操作时，关节自然弯曲，腕部放松，指掌自然伸直，动作缓和而协调。

5. 按

用拇指、中指或食指的指端取某一穴位由上往下按压，稍用力，此法为按。

按分为指按和掌按两种。指按是用指腹按压体表。掌按是用单掌、双掌分开或重叠按压体表。

6. 压

用拇指、中指或食指的指端取某一穴位由上往下按压，压的动作与按相似，“按”偏于动，“压”偏于静，压的力量较按重。压时手指不要移位。

7. 推

用手指、手掌、拳或肘按经络循行方向或与肌纤维平行方向推进，在推进过程中可在穴位上做缓和的按揉动作，此法为推。手指、手掌、拳或肘部着力于一定的部位上，进行单方向的直线运动，操作时手指、手掌、拳或肘要紧贴体表，用力要稳，动作要缓慢而均匀。

8. 抹

用拇指的指腹紧贴皮肤做上下、左右或弧形曲线往返推动，此法为抹。抹的动作与推相似，但推是单方向移动，抹则可根据需要任意往返移动，抹的着力一般比推重，抹时要求用力均匀、动作缓和，防止抹破皮肤。此法常用于头面部及掌指部。

9. 滚

用手背近小指部着力于体表部位，通过腕关节的伸曲和前臂的旋转做协调的滚动。

10. 拍

用虚掌拍打体表称为拍。操作时，手指自然并拢，指关节微屈，平稳而有节奏地拍打体表。

11. 拿

用一手或双手拿住皮肤、肌肉或筋膜，向上提起，随后又放下。

拿是用拇指、食指和中指，或拇指和其余四指在一定的部位或穴位上进行有节奏的提、捏。操作时用力要由轻至重，不要突然用力，动作要缓和而有连贯性。此法多用于肩颈等部位。

12. 捏

捏有三指捏和五指捏两种。三指捏就是用拇指、食指、中指夹住肌肤，相对用力挤压。五指捏就是用一只手的五个手指夹住肌肤。在做相对用力挤压动作时，要循序渐进，均匀而有节律。

13. 叩

轻击为叩。叩是两手半握成空拳，以腕部屈伸带动手部，用掌根及指端着力，双手交替叩击施术部位；或以两手空拳的小指及小鱼际侧叩击施术部位。

三、按摩的操作技巧

1. 持久

持久是指手法能持续运用一段时间，保持动作和力量的连贯性，不能断断续续。

2. 有力

有力是指手法必须具备一定的力量，这种力量不是固定不变的，而是根据按摩对象、施术部位和手法性质而定的。

3. 均匀

均匀是指动作的节奏性和用力的平稳性。动作不能时快时慢，用力不能时轻时重。

4. 柔和

柔和是指动作的稳柔灵活及力量的缓和，使手法轻而不浮、重而不滞。柔和并不是软弱无力，而是不能用蛮力或突发暴力。

以上各个操作技巧是密切相关、相辅相成、互相渗透的。持久能使手法逐渐有力，均匀能使手法更趋柔和，而力量与技巧相结合则使手法既有力又柔和，这就是通常所说的“刚柔相济”。在运用时，力量是基础，手法技巧是关键，两者必须兼有，缺一不可。操作者体力充沛，能使手法技巧得到充分发挥，运用起来得心应手；反之，如果操作者体力不足，即使手法技巧掌握得很好，但运用起来难免力不从心。要使手法持久有力，均匀柔和，达到刚中有柔、柔中有刚、刚柔相济的效果，必须要经过一定时期的手法训练和实践操作，才能由生而熟，熟而生巧，乃至得心应手，运用自如。

四、按摩的操作要求

经络要压，穴位要按，肌肉要摩，说的是在按摩过程中要有延续性，不能间断，要求每一个动作之间环环相扣。在按摩时，穴位与穴位的操作要有连贯性，即在做完上一个穴位按摩后，要压着经络移动到第二个穴位进行按摩，手指不能离开皮肤。

五、按摩的操作禁忌

美发按摩虽然在减轻人们疲劳方面有很大的效果，但也有一定的局限性。如顾客有禁忌证，则应禁止进行按摩。

1. 患有传染性疾病，或被按摩部位有结核、肿瘤、皮肤病、炎症、皮肤损伤等，禁忌按摩。

2. 不能承受按摩刺激者，如患有严重高血压，以及心脏、肺、肝、脑等器官疾病者，禁忌按摩。

3. 高烧发热者、怀疑有骨折者、情绪不稳定者、酒醉者禁忌按摩。

4. 出血性疾病者或有出血倾向者，如血小板减少、恶性贫血、白血病患者等禁忌按摩。

5. 恶性肿瘤患者禁忌按摩。

培训单元 2　头部及肩颈部按摩方法

了解头部及肩颈部按摩的经络和穴位。

掌握头部及肩颈部按摩的操作方法。

一、头部按摩的常用经络和穴位（见图 3-6）

1. 督脉

督脉包括神庭、上星、囟会、百会等穴位。

2. 足太阳膀胱经

足太阳膀胱经包括眉冲、曲差、五处、承光、通天等穴位。

3. 足少阳胆经

足少阳胆经包括头临泣、目窗、正营、承灵、曲鬓、率谷、完骨、风池等穴位。

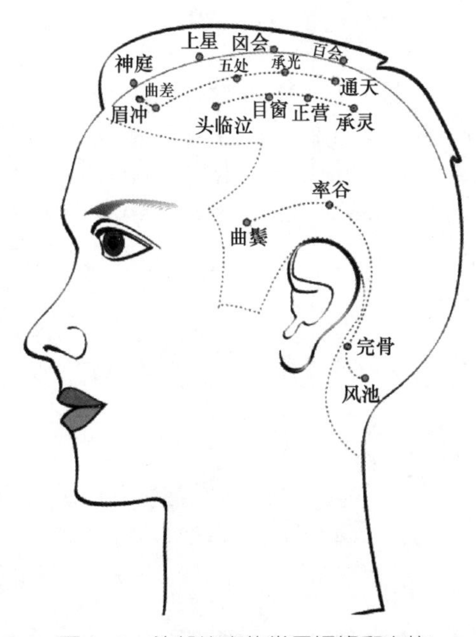

图 3-6　头部按摩的常用经络和穴位

二、肩颈部按摩的常用经络和穴位

肩颈部的常用穴位（见图 3–7）可分为两条线路来进行按摩。

1. 颈部按摩的常用经络和穴位

颈部按摩的常用经络和穴位包括风府、哑门、大椎（督脉）、风池（足少阳胆经）、天柱（足太阳膀胱经）等。

2. 肩部按摩的常用经络和穴位

肩部按摩的常用经络和穴位包括肩井（足少阳胆经）、天髎、肩髎（手少阳三焦经）、肩髃（手阳明大肠经）、大杼（足太阳膀胱经）、肩中俞、曲垣、天宗、肩贞（手太阳小肠经）等。

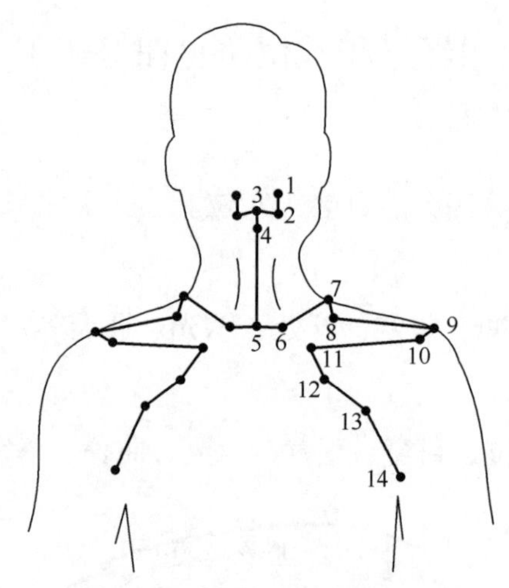

图 3–7　肩颈部按摩的常用穴位

1—风池　2—天柱　3—风府　4—哑门　5—大椎　6—肩中俞　7—肩井
8—天髎　9—肩髃　10—肩髎　11—大杼　12—曲垣　13—天宗　14—肩贞
注：图中经络和穴位（除督脉经穴外）左右对称。

头部按摩

操作准备

1. 顾客取坐姿，两手肘部支撑在腿上或美发椅扶手上，背微弯曲。

2. 从顾客的右前侧围上中围布，肩部披上干毛巾。

3. 美发师站在顾客的背后正中，双手做好按摩准备。

操作步骤

步骤1 按摩经脉线路一。

（1）用右手拇指依次按摩督脉，第一线路是神庭（按、揉）→上星（按、揉）→囟会（按、揉）→百会（按、压）。

（2）每个穴位按摩8～10次。

（3）用右手拇指从督脉的百会向前推抹至神庭。

步骤2 按摩经脉线路二。

（1）双手食指、拇指依次按摩足太阳膀胱经，第二线路是眉冲（按、揉）→曲差（按、揉）→五处（按、揉）→承光（按、揉）→通天（按、揉）。

（2）每个穴位按摩8～10次。

（3）用右手拇指从督脉的百会向前推抹至神庭。

步骤3 按摩经脉线路三。

（1）双手食指、拇指依次按摩足少阳胆经，第三线路是头临泣（按、揉）→目窗（按、揉）→正营（按、揉）→承灵（按、揉）。

（2）每个穴位按摩8～10次。

（3）用右手拇指从督脉的百会向前推抹至神庭。

步骤4 按摩经脉线路四。

（1）双手食指、拇指依次按摩足少阳胆经，第四线路是曲鬓（按、揉）→率谷（按、揉）→完骨（按、揉）→风池（按、揉）。

（2）每个穴位按摩8～10次。

（3）用右手拇指从督脉的百会向前推抹至神庭。

步骤5 按摩头部两侧。双手十指在头部两侧用拿的手法进行有节奏的提、捏按摩。

注意事项

1. 按摩手法要柔和，用力要适中，轻重要适宜，不可用蛮力。

2. 向前推抹督脉时，用力要均匀和缓，移动要缓慢。

3. 按摩操作时，手指在穴位上不要移位。

4. 手法运用要灵活自如，不要损伤顾客的头皮。

5. 按摩操作时，顾客头部不要有大的颠动。

6. 按摩操作前，操作人员要剪好手指甲，手上不得佩戴任何饰品，以免损伤顾客的头皮。

肩颈部按摩

操作准备

1. 顾客取坐姿，两手肘部支撑在腿上或美发椅扶手上，背微弯曲。

2. 从顾客的右前侧围上中围布，肩部披上干毛巾。

3. 美发师站在顾客的背后正中，双手做好按摩准备。

操作步骤

步骤 1　按摩肩颈线路一。

（1）双手拇指的指腹按摩足少阳胆经，第一线路是风池（按、揉）。

（2）该穴位按摩 8 ~ 10 次。

步骤 2　按摩肩颈线路二。

（1）双手拇指按摩足太阳膀胱经，第二线路是天柱（点、按、揉）。

（2）该穴位按摩 8 ~ 10 次。

步骤 3　按摩肩颈线路三。

（1）右手拇指按摩督脉，第三线路是风府（点、按、揉）→哑门（点、按、揉）→大椎（点、按、揉）。

（2）每个穴位按摩 8 ~ 10 次。

（3）右手拇指、食指拿、捏后颈部胸锁乳突肌、头半棘肌、头夹肌。

步骤 4　按摩肩颈线路四。

（1）双手拇指按摩手太阳小肠经，第四线路是肩中俞（点、按、揉）。

（2）该穴位按摩 8 ~ 10 次。

步骤 5　按摩肩颈线路五。

（1）双手拇指的指腹向上按摩足少阳胆经，第五线路是肩井（拿）。

（2）该穴位按摩 8 ~ 10 次。

（3）按摩肩井时双手不可用力过重。

步骤 6 按摩肩颈线路六。

（1）双手拇指按摩手少阳三焦经，第六线路是天髎（点、按、揉）。

（2）该穴位按摩 8 ~ 10 次。

步骤 7 按摩肩颈线路七。

（1）双手拇指按摩足太阳膀胱经，第七线路是大杼（点、按）。

（2）该穴位按摩 8 ~ 10 次。

步骤 8 按摩肩颈线路八。

（1）双手拇指按摩手阳明大肠经，第八线路是肩髃（点、按、揉）。

（2）该穴位按摩 8 ~ 10 次。

步骤 9 按摩肩颈线路九。

（1）双手拇指按摩手少阳三焦经，第九线路是肩髎（点、按、揉）。

（2）该穴位按摩 8 ~ 10 次。

步骤 10 按摩肩颈线路十。

（1）双手拇指按摩手太阳小肠经，第十线路是曲垣（按、揉）→天宗（点、按）→肩贞（按、揉）。拇指按在肩贞穴位上，其余四指握住肩峰，边按、揉，边弹、拨肩肌腱群。

（2）每个穴位按摩 8 ~ 10 次。

步骤 11 按摩肩颈部收尾。

（1）右手或左手滚、揉肩颈部 2 ~ 3 次。

（2）双手虚掌拍打肩颈部 2 ~ 3 次。

（3）双手空心拳叩击肩颈部 2 ~ 3 次。

注意事项

1. 按摩操作时，两手用力要均匀，轻重要适宜，有些穴位用力时应由轻至重，不可突施蛮力。

2. 肩颈部按摩时，手法要柔和，运用要灵活自如。

3. 按摩操作时，手指在穴位上揉动的幅度不可太大，如幅度太大可能会移位至其他穴位。

4. 按摩操作前，操作人员要剪好手指甲，手上不得佩戴任何饰品，以免损伤顾客的皮肤。

5. 肩颈部按摩操作一般每周不宜超过 3 次。

思考题

1. 简述发质的分类和识别方法。
2. 简述洗发效果不佳的常见原因。
3. 简述洗发前的准备工作。
4. 简述洗发的操作步骤。
5. 简述头部、肩颈部按摩的方法。

职业模块 4
发型制作

内容结构图

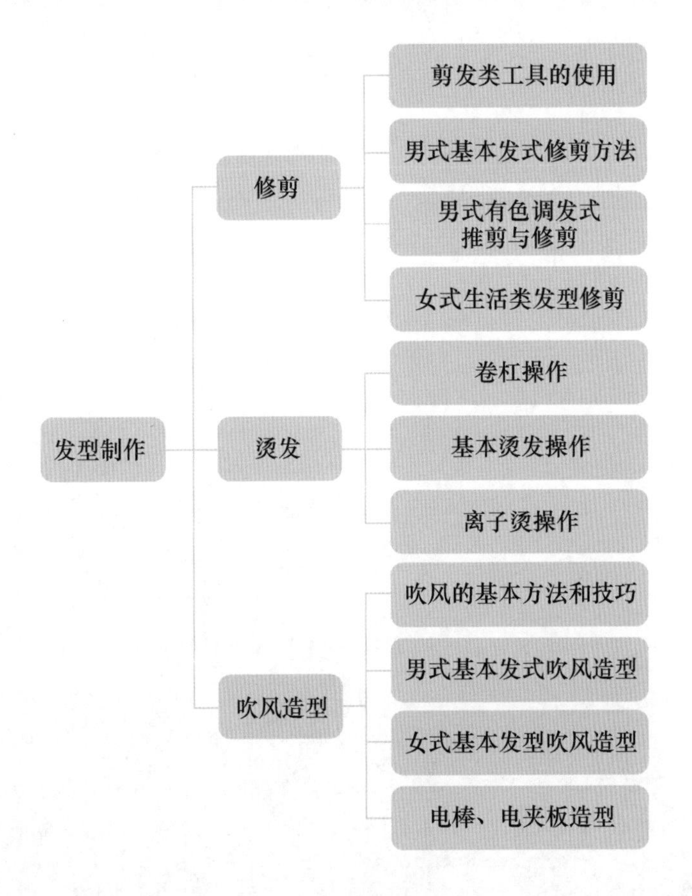

培训项目 1 修剪

培训单元 1 剪发类工具的使用

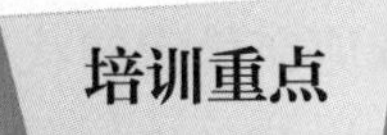

了解电推剪、剪刀、牙剪等剪发类工具使用的训练方法。

掌握电推剪、剪刀、牙剪操作的基本方法。

一、电推剪的使用

1. 基本动作训练

美发操作讲究技巧，要求手腕和手指动作灵活协调。

（1）手腕训练（也叫摇手训练）。手腕训练主要锻炼腕关节。训练方法有以下两种：一种是上下、前后摆动，另一种是由内向外、自外向内做画圆运动。训练时先按基本操作姿势站立，两手臂平伸，手心向下，双手同时进行，如图 4–1 所示。先练习上下摆动，然后练习前后摆动，摆动幅度要大，接着做画圆运动，要求两臂不动，开始时动作要慢些，训练时间要短些。以后动作逐步加快、训练时间逐步加长，直到动作自如。

图 4–1 手腕训练

（2）手指训练。手指训练是为了使手指关节灵活，具有耐力，使用工具得心应手。手持梳子的训练一般有两种（见图 4–2 和图 4–3）：一种是用拇指和食指夹住梳子，中指抵住梳身，俗称“端梳子”；另一种是用拇指和食指捏住梳子，中指靠住梳身，俗称“捏梳子”。训练时左手持梳子，将梳子放在右手手心做 180°翻动，使梳子在手指的操纵下转动自如。同时，也可左手持梳子做上下或左右摆动，以使手腕灵活。

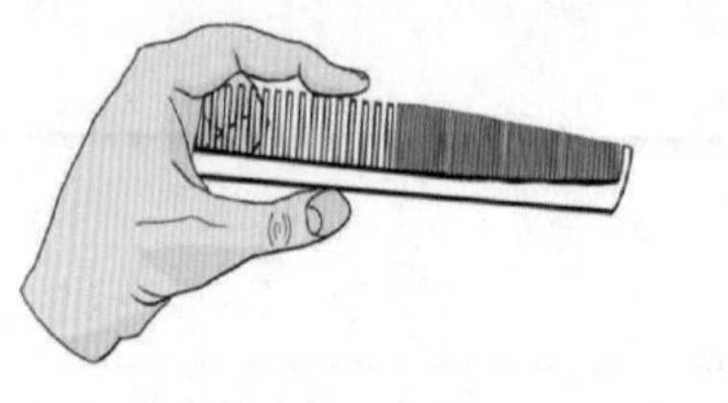

图 4–2　端梳子

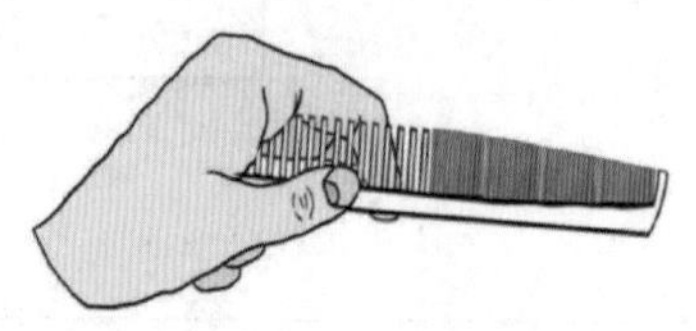

图 4–3　捏梳子

2. 电推剪使用方法

电推剪操作时，左手拿梳子梳通并扶直头发，右手持电推剪在稳定的状态下贴着梳子剪去梳齿上多余的头发，再梳起一片头发进行推剪，以此类推，循环往复。电推剪操作的基本方法见表 4–1。

表 4–1　电推剪操作的基本方法

名称	说明	图示
满推（全齿推）	电推剪的全部刀齿平贴着梳面进行推剪。操作时，右手持电推剪依靠肘部发力轻轻进行推剪。这种方法适用于推剪两边鬓发、后枕部头发及短发类的顶部头发	
半推	运用局部刀齿推剪。这种推剪方法有用小抄梳衬托进行操作和不用梳子衬托操作两种方法。用小抄梳衬托的半推操作时，小抄梳抄起头发，用电推剪一侧的四五个刀齿剪去梳子上的头发，主要用于头发边沿或起伏不平的地方；不用小抄梳衬托的半推操作时，微微将手腕向外（或向内）转动，使掌心略转向右边（或左边），用电推剪左角边（或右角边）的四五个刀齿推剪头发，主要用于有色调发式底部及耳朵上方的头发推剪	

续表

名称	说明	图示
反推	手持电推剪的姿势不变，掌心向外进行推剪。这种方法适用于后颈部自下向上生长的头发	

二、剪刀的使用

1. 基本动作训练

（1）剪刀的基本持法（见图 4–4）。剪刀有两片刀锋，一片为动片，一片为静片。将剪刀正面（有螺母的一面）朝上，右手的拇指套进动片指环，无名指套进静片指环，小指轻搭在指环后部的指撑上或自然弯曲，食指、中指钩住静片，这样可以很好地拿稳剪刀。注意拇指不要完全套入指环，而是轻搭在动片指环内，用拇指的摆动来带动剪刀的开合。当松开拇指弯曲手指时，剪刀便可以藏在掌心里，用拇指和食指拿住梳子，这样就可以让用同一只手握剪刀和拿梳子，便于修剪时操作。

（2）剪刀操作的训练（见图 4–5）。练习时，按基本姿势站立，左手持梳子，右手握剪刀，剪刀静片的刀锋与梳子齿背相贴，两手同时自下而上地移动，举至顶部后，再重复练习。训练时，一面右手拇指不停地摆动，一面肘部随着梳子移动。注意只能拇指摆动，其他四指稳住刀身不动，拇指摆动速度要均匀，左手所持梳子不能摇动，向上移的速度要慢一些，以便与实际操作速度相仿。

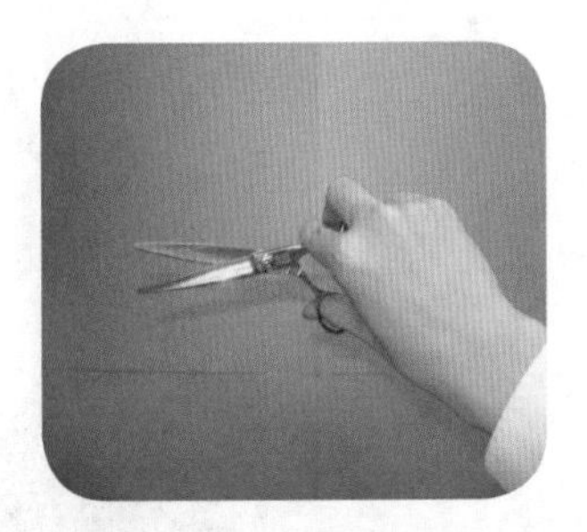

图 4–4　剪刀的基本持法

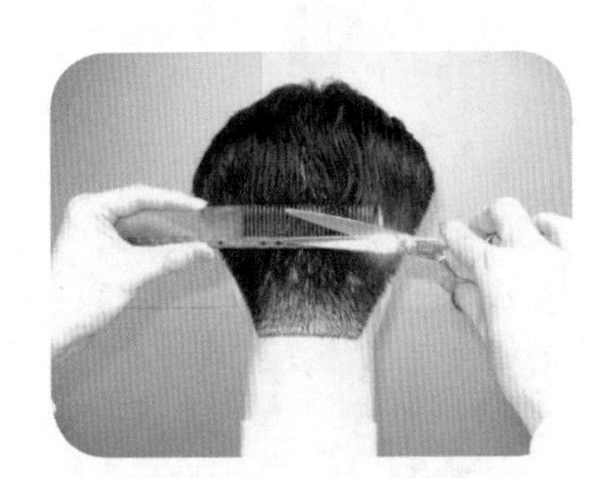

图 4–5　剪刀操作的训练

2. 剪刀使用方法

剪刀的操作比较复杂，剪法变化也多，归纳起来可分为基本剪法（见表 4–2）、梳子配合剪法（见表 4–3）和手配合剪法（见表 4–4）。

表 4–2　基本剪法

名称	说明	图示
平口剪（满口剪）	运用最广泛的剪法。操作时，一般刀尖固定指向左方。修剪左侧发式轮廓线时，要将手腕翻转反剪，这时刀尖指向右方，手腕不动，靠肘部移动做向上或向前的单向运动。该法适用于修剪两鬓、耳后、后枕部及短发类顶部等的头发	
削剪（滑剪）	用左手的食指和中指捏住一束头发的发梢并夹成薄薄一片，略向上提拉一定的倾斜角度，张开剪刀将头发嵌入，借腕力使刀锋在发梢到发根之间有选择地做上下滑动，将头发削断。该法适用于削薄部分过厚的头发	 
刀尖剪（疏剪）	用手指夹住一片头发，用刀尖将头发发尾剪成锯齿状，使头发飘逸、有动感。刀尖剪的幅度可根据发式设计要求或发量而定	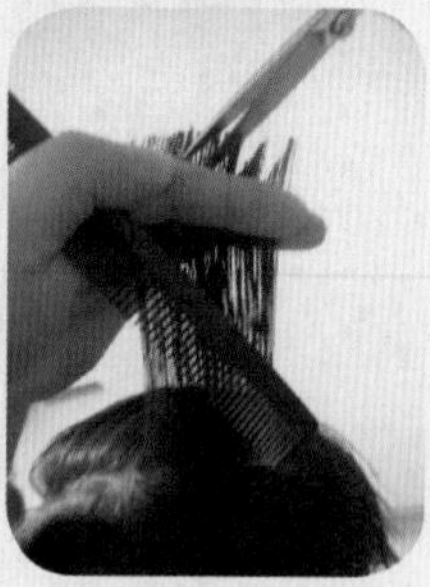

表 4–3 梳子配合剪法

名称	说明	图示
挑剪	用梳子挑起一片头发，用剪刀剪去过长的发梢。这是一种基本剪法，主要用于调整层次的高低，也用于修整某部位过长或脱节的头发。这种剪法适用于修剪轮廓与层次	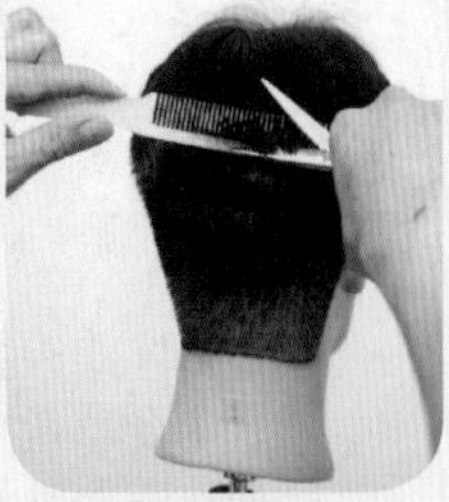
压剪	梳子从靠近发梢的地方插入头发，将梳背贴头皮压住，使被压住的头发不会左右移动，然后用平口剪修剪参差不齐的头发	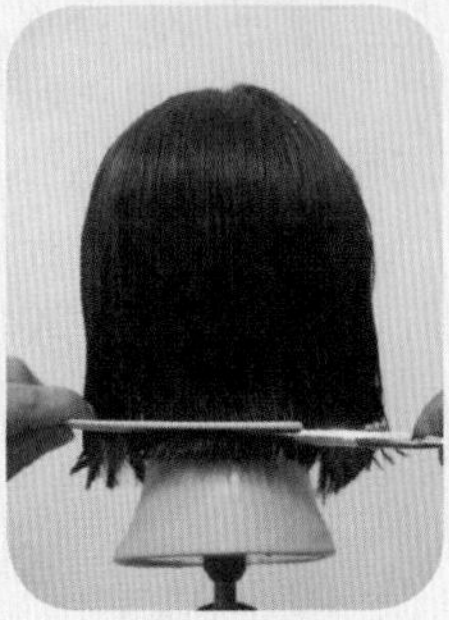

表 4–4 手配合剪法

名称	说明	图示
外夹剪	用梳子挑起一股（或一片）头发，用食指与中指夹住，提拉起来使发梢朝上，用剪刀贴着指背剪去手指夹缝中露出的发梢	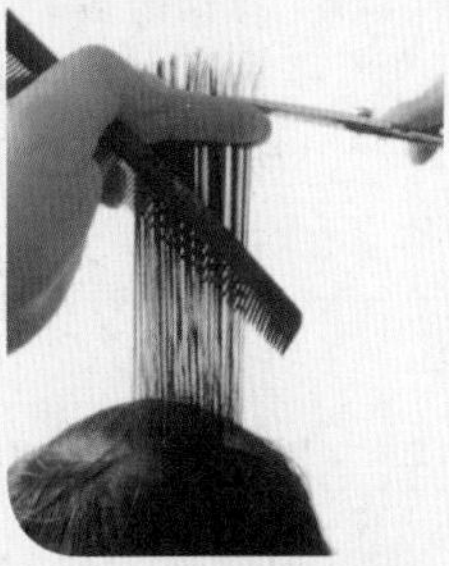
内夹剪	用梳子挑起一股（或一片）头发，用食指与中指夹住，提拉起来使发梢露在手心内，用剪刀剪去手指夹缝中露出的发梢	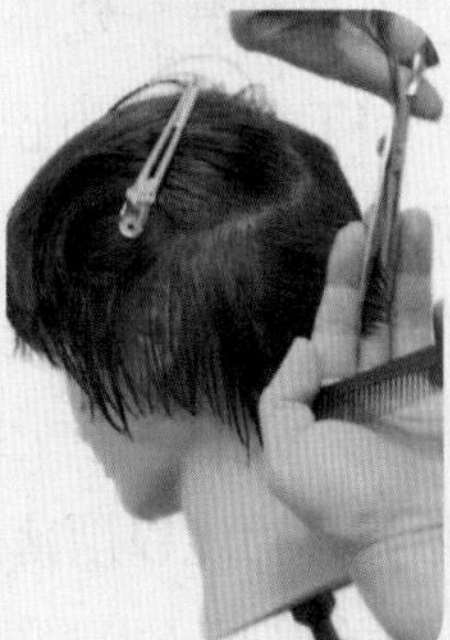

续表

名称	说明	图示
托剪	用左手手指托住刀身，缓缓地引导剪刀小开小合地修剪头发的一种方法。托剪分为水平托剪和垂直托剪两种。水平托剪是用左手手指托住剪刀做水平方向的修剪，此种方法一般用于四周边沿线的剪切，如发式轮廓下沿线的修剪。垂直托剪是用左手手指托住剪刀做垂直方向的修剪，此种方法一般用于男式色调发式轮廓线的修剪	水平托剪 垂直托剪
抓剪	将头发集中于一点或两侧，用剪刀一刀剪切形成轮廓和层次。抓剪后的头发形成弧形。抓剪一般用于剪顶部、额两侧头发，以形成弧形轮廓	

三、牙剪的使用

层次的参差、发量的厚薄、发梢的虚实效果均可以用牙剪来实现。牙剪一般在梳子和手指的指引配合下使用。

牙剪的刀锋一片是普通的剪刀刀锋，另一片是锯齿状的剪刀刀锋，锯齿形状各式各样，有顺序排列的，有间隔排列的，有一长一短参差排列的。无论何种形式的排列，都能起到减少发量、制造参差层次和色调的作用。牙剪持法同剪刀一样。

牙剪的功能以削薄为主，操作时特别要注意牙剪的角度、位置，要根据发型（发式）的需要及发量的具体情况来操作，尤其要注意刀锋的锋利度，采用半剪、满剪，切忌在同一位置进行多次修剪。

牙剪的使用方法见表 4-5。

表 4-5　牙剪的使用方法

名称	说明	图示
半剪	使用牙剪一半以下的刀齿进行修剪，主要用于头发较少部位的削剪和少量削剪的操作	
满剪	使用牙剪一半以上的刀齿进行修剪，主要用于头发较多部位的削剪和较大量削剪的操作	

培训单元 2　男式基本发式修剪方法

了解头面部各部位的名称。

了解男式基本发式的概念。

掌握男式基本发式的修剪方法。

一、头面部各部位的名称

美发操作中，经常涉及头面部的各部位，具体如图 4-6 所示。

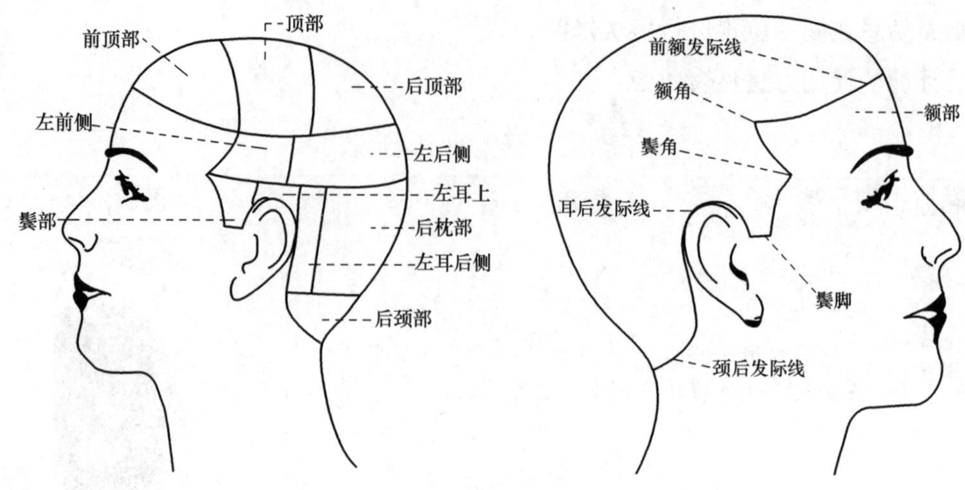

图 4-6 头面部名称

二、男式基本发式分类

发式即发型，是指头发的式样，一般常称男式发式、女式发型。美发师结合顾客的脸型、头型、年龄、职业等特征，通过修剪、烫染、吹风等，塑造不同的发型或发式。

男式基本发式的分类一般以留发长短为标准，大致可分为短发类发式和长发类发式两大类，见表 4-6。

表 4-6 男式基本发式分类

分类	发式	说明
短发类	平头式（平顶头）	外形轮廓呈方形，两侧及后部的头发较光净，有色调。顶部留发一般为 2 ~ 3 cm，有些平头式的顶部留发 4 ~ 10 mm。发式整洁、清爽、阳刚、时尚
	圆头式（圆顶头）	头发的两侧及后部较光净、有色调，顶部头发短、呈圆形
	平圆头式	顶部短发呈水平圆形，是平头式与圆头式相结合的发式
长发类	短长式	留发较短，头发最长处在顶部
	中长式	留发在两鬓角至后枕部以上的范围内
	长发式	留发范围介于中长式与超长式之间
	超长式	留发范围超过后颈部发际线

三、男式基本发式的三部三线

在男式推剪操作中，为了准确地确定留发长度、推剪高低，习惯上都按头发生长的情况，以及头颅和五官外形的位置，将头发部位区分为三部三线，如图 4–7 所示。一般以中长式的三部三线作为标准的三部三线。

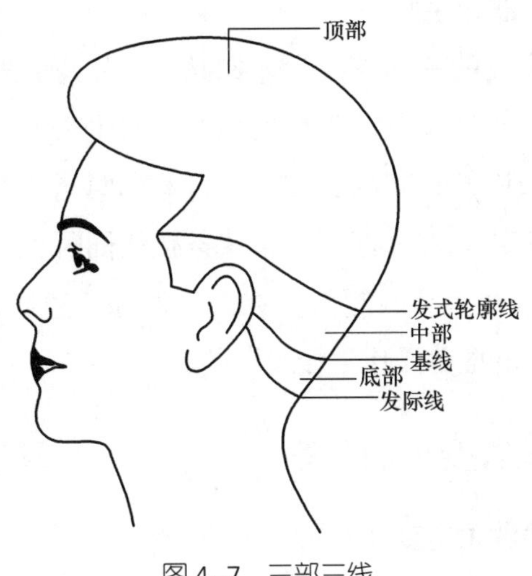

图 4–7　三部三线

1. 三部（顶部、中部、底部）

（1）顶部。顶部又称发冠部位。男式有色调发式中，中长式由额前发际线延伸到后脑隆起的枕骨部位均属于顶部。各种发式所需要的头发，都留在顶部。修剪中的层次衔接、调和、均匀、厚薄也体现在这一部分。顶部是修剪与造型的主要范围，也是剪刀操作的主要范围。

（2）中部。中部又称二部，位于顶部与底部之间。男式有色调发式中，中长式的中部上缘的位置在枕骨隆凸部位，下缘则在颈部上端枕外脊部位，正好处在后脑鼓起部分的下端，形成一个倒坡形。推剪中的轮廓齐圆、色调均匀主要体现在这一部分，也是电推剪操作的主要范围。

（3）底部。基线的下缘部分至发际线的边缘，即男式有色调发式中，中长式的底部从枕外脊以下至颈部发际线上，是属于“打底子”的部分。在男式有色调发式推剪中，要求底部光净，接头精细。

2. 三线

（1）发式轮廓线。发式轮廓线是顶部和中部的分界线，也是下部色调与上部层次的分界线。它是一条活动线，随着发式的变化及留发长短的变化，其位置上下移动。因此，发式轮廓线就是一条定式线。

（2）基线。基线是中部和底部的分界线，是一条抽象的假设线。它同时也是一条活动线，随着发式的变化及留发范围的变化，其位置也上下移动。因此，基线是一条留发的起始线。

（3）发际线。发际线是指头发与皮肤的自然分界线，即毛发自然生长的边缘线，它连接着顶部、中部和底部。

从后脑正中看，头发的三部三线大体如此。但从两侧来看，分界的位置却不相同。由于头发在人的头部是自前额至后颈部斜面生长的，三部之间分界是两侧略高于后枕部。顶部与中部之间的交接线，自左右两侧的鬓角开始，对称地近似水平状经耳上斜向后环绕至枕骨部汇合，这条弧线同时也是发式轮廓线。在中部和底部之间的一条交接线，其两侧位置在耳后发际线边缘，向后至枕外脊汇合，这条弧线称作基线，是电推剪操作“接头”的起点。

四、三部三线位置变化的关系

1. 各种发式轮廓线的位置变化

男式推剪中，三部三线之间的关系主要是由发式轮廓线的变化来确定的。发式轮廓线一般把头发分为上下两大部分（见图 4–8）：上部为层次，通过修剪来实现；下部为色调，通过推剪来实现。发式轮廓线的上下移动，会使发式形态改变。发式轮廓线上移，顶部层次幅度就变短，中部色调幅度就拉长，色调颜色就浅；发式轮廓线下移，顶部层次幅度就放长，中部色调幅度就缩短，色调颜色就深。这一上一下的移动便产生了截然不同的两种发式形态效果，并由此而推出长、中、短几种发式轮廓线。通常发式轮廓线以居中为标准。因此，在男式有色调发式中，将中长式的发式轮廓线作为各种发式的标准发式轮廓线，并根据留发长短来决定其具体位置。

（1）短长式及短发类。短长式的发式轮廓线的位置在额角至鬓角的 1/2 范围内，后枕部发式轮廓线的中心点略高于中长式的汇合点。平头式、圆头式、平圆头式属于短发类，其发式轮廓线位置略高于短长式的发式轮廓线，具体差别是向两侧延伸的线较短长式略高一些。

（2）中长式。发式轮廓线自左右两侧的鬓角开始，对称地近似水平状经耳上并斜向后环绕至枕骨部汇合。脑后中心点的位置一般中长式与短长式相距 7 mm 左右。

（3）长发式。发式轮廓线中心点应在中长式发式轮廓线的下端，但不能低于枕骨隆凸部位，脑后中心点的位置，一般长发式与中长式之间相距 1 cm 左右。

（4）超长式。由于留发较长，超过发际线，其发式轮廓线低于发际线。

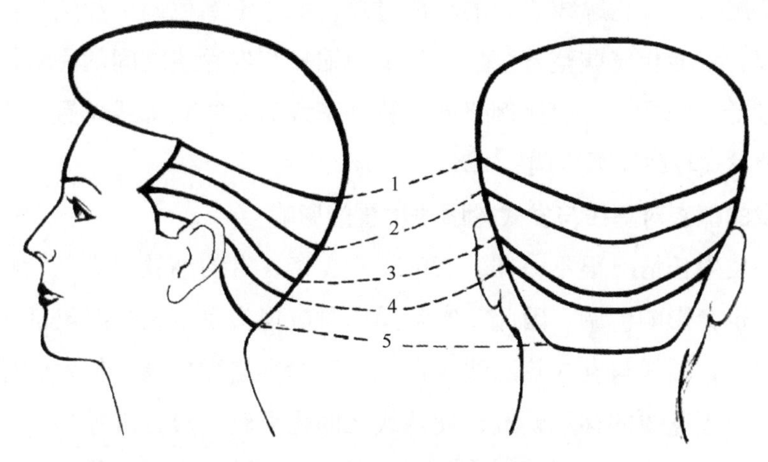

图 4–8 发式轮廓线的位置

1—短发类 2—短长式 3—中长式 4—长发式 5—超长式

2. 各种基线的位置变化

基线的位置高低与发式能否符合标准有很大关系。在正常情况下，以中长式为准，如果从发式轮廓线来测定基线位置，其间距一般为 5 ~ 6 cm。

（1）中长式基线与发际线间距约 3.5 cm（近似两指宽）。

（2）长发式基线与发际线间距相应缩短，一般为 1.5 ~ 2 cm（近似一指宽）。

（3）短长式及短发类各种发式的基线与发际线间距都应该比中长式长，为 4 ~ 5 cm，近似两指半的宽度。

五、生理特征对发式轮廓线与基线位置的影响

掌握了各种发式的发式轮廓线、基线的位置，操作时工具起落就有了大致的标准。在实际操作时，还应该根据顾客后颈发际线的高低、颈部胖瘦、头发的疏密等特征加以灵活掌握，即发式轮廓线和基线的位置，还要结合顾客生理特征做不同的处理。

1. 发际线高低对基线、发式轮廓线的影响

人的发际线位置高低不完全相同，如果后颈部发际线位置偏高或偏低，基线位置不随之调整则会影响发式的色调，因为按照操作要求，推剪的中部要反映出

黑白匀称的色调，使黑发在皮肤色的衬托下体现由浅入深、明暗和谐的效果。如果发际线过高，为了保持发际线与基线的距离，让基线与发式轮廓线的位置也按比例调整，发式轮廓线就会显得前后不相称。如果发式轮廓线不动，基线按比例调整，则基线与发式轮廓线之间的距离过短，就达不到色调柔和匀称的要求。遇到这种情况，只能相应调整基线位置，适当缩短与发际线之间的距离。相反，如果发际线较低，则可按一般比例略向下移动基线与发式轮廓线位置，否则底部太大，与整个发式轮廓线不协调。

2. 头发的疏密对基线与发式轮廓线位置的影响

人的头发生长情况很不一样，有的粗硬茂密，有的细软稀疏、紧贴头皮，若掌握不好，也会影响色调。因此，实际操作时应视头发生长情况灵活掌握。如果头发生长浓密，基线与发式轮廓线应该比一般标准略微提高，但发式轮廓线向上移动幅度要小于基线的移动幅度，使两线之间距离较一般标准缩短一些。如果头发较为稀疏、紧贴头皮，则可以将基线位置向下移动一些，使其与发式轮廓线之间的距离适当扩大。

3. 颈部情况对基线的影响

人的颈部有长短、粗细、胖瘦等分别。有的人颈椎骨较长，体态消瘦，显得颈部特别长；也有人颈椎骨较短，体态肥胖，颈肌发达，颈部显得较粗、较短。因此，基线位置还需要结合颈部的生理情况一并考虑。属于前一种情况的，基线位置应该略低于正常标准，这样看起来不会感觉颈部过长；属于后一种情况的，要把基线位置定得高一些，这样能够避免给人颈部过短的感觉。如果碰到颈部肌肉太发达致皮肤松弛的情况，即使颈部较短，基线也不能提得过高，否则会使人产生不协调的感觉。

4. 基线与发式轮廓线的关系

使用电推剪时，电推剪直接从发际线推向发式轮廓线，基线似乎不复存在了。但是在实际操作中，为了中部色调的需要，电推剪开始时紧贴头皮，越过发际线后逐步悬空推向发式轮廓线，这样发际线周围比较光净，稍向上就会出现匀称的色调，而电推剪开始悬空时起点的那条线，实际上就是一条看不见的基线。但是有的时候发际线直接推向发式轮廓线，发际线处不要求光净，那么基线就与发际线成为一条线，而这样的发式轮廓线位置就显得高了，也可以适当调低。长发类的发式轮廓线位置调低后，色调就显得深，如果发式轮廓线位置不变，色调就显得浅，因此就有深浅色调的区分。深浅色调要根据发式要求、年龄大小、留发长短来掌握，不能千篇一律。例如，青年发式要求色调深，推剪后仍要像推剪过有数天又长出来的样子；中长式则要求色调浅，柔和匀称。

基线与发式轮廓线的关系十分重要，因此美发师掌握好各种发式的基线、发式轮廓线位置，并做到心中有数，才能完整地处理好各种发式。虽然目前部分男式发式留长，趋向深色调，有些超长发式的发式轮廓线与基线合一，但传统、经典的男式发式以及现代新发式很重视基线与发式轮廓线的关系，处理得当将使发式更加完美。

由此可以清楚地看出，发际线、基线、发式轮廓线三者之间既相辅相成，又相互制约。每个人的发际线高低是完全不一样的。发际线高低直接影响发式轮廓线、基线的位置，但基线位置的高低与发式能否符合标准也有很大关系，基线位置的高低应根据各种发式的要求来确定，而各种发式轮廓线要根据留发长短来确定。

培训单元 3　男式有色调发式推剪与修剪

掌握男式有色调发式推剪与修剪的方法。

掌握男式有色调发式推剪与修剪的质量标准。

能够进行男式有色调发式的推剪与修剪。

一、男式长发类有色调发式推剪与修剪的方法

1. 推剪

（1）鬓角的处理。用小抄梳的前端贴住鬓角下部，角度根据发式轮廓线的位置及留发长度而定，梳子与头皮夹角越小，留下头发越短，发式轮廓线位置就越高。电推剪使用半推法，与梳子配合推剪出耳前色调。鬓角处不能有棱角出现，

两侧要色调均匀、发式轮廓线相等。

（2）耳上的处理。梳子前端贴住发际线，角度向外倾斜，电推剪使用半推法，推剪至耳上轮廓时梳子向上呈弧线形移动，推剪去梳齿上的头发，使色调均匀，轮廓齐圆，并与耳前连接。

（3）耳后的处理。梳子在耳后斜向梳起头发，梳齿向外倾斜，角度越大留下的头发越长。梳背紧贴发际线，用半推法将头发剪去，推剪出均匀色调，并与耳上连接。

（4）中部轮廓及色调的处理。采用梳子配合推剪，先梳子紧贴头皮，接着梳齿略离开头皮向外倾斜，最后整个梳子悬空，不再与头皮接触，电推剪随着梳子的方向向上移动，边移边推剪去梳齿缝内露出的发梢，使留下的头发逐渐由短而长，产生匀称的色调。推剪耳上部的头发需用半推法横带斜地去推；侧面的则用斜推，向右斜推或向左斜推；推剪顶部四周头发时改用厚梳子，悬空把头发挑起来，把稳角度后再推剪，将周围轮廓推剪出弧形。

（5）枕骨部分的处理。由于枕骨向外隆起，推剪时电推剪在梳子的引导、衬托下沿着隆起轮廓的外围进行推剪。

（6）颈后的处理。电推剪操作时，梳子呈水平状或倾斜状，梳齿向上，梳面与头皮保持一定的角度，角度越大留下的头发越长。使用满推，梳子呈水平状向上慢慢移动，电推剪剪去梳齿上的头发并产生齐圆的发式轮廓线。在与耳后的发式轮廓线连接时，将梳子斜着操作，使发式轮廓线呈圆弧形。

（7）后枕部的处理。在很多情况下要两手悬空操作，因此用力一定要均衡，特别是右手所持的电推剪要轻轻平贴在梳子上，重了可能影响梳子的角度，把头发推剪得黑一块白一块。后颈部发际线处应推剪成弧形。

2. 修剪

（1）修剪层次。男式发式以均等层次和低层次混合为主。修剪时，从前额开始到头顶，将发片正常提拉至与头皮成 90°，使用活动设计线，手位与头部曲线平行，修剪成均等层次。在两侧和后枕部，手位倾斜，把上面均等层次的头发和发式轮廓线处的头发用弧线连接，修剪成低层次，使上下部分连接。

1）活动设计线。其是一条活动的线，作为后续发区修剪的指引。

2）固定设计线。其是一条不变的固定线，头发长度都受其指引，采用这个设计线达到修剪长度。

（2）修饰轮廓。从右鬓发开始，将发式轮廓线处的头发缓慢向上提拉，同时配合剪刀将过长的头发剪去，修饰因为头发堆积而形成的重量线，使上下两部分连接得较为和谐，并且把发式轮廓线修饰成弧形。

（3）修饰色调。对于色调不够匀称的部分应进行细致的加工。头部凹陷处可能会出现较深的色调，可用刀尖剪的方法调整，使整个色调均匀柔和。

（4）调整发量。调整发量前，应认真观察头发的密度，根据发式要求决定打薄的部位和打薄的量。打薄时根据发式的要求、头发的密度确定牙剪在发片的发根、发中、发尾上的位置，以及发片切口的角度。

二、男式短发类有色调发式推剪的方法

男式短发类有色调发式的推剪一般先从顶部开始，然后再推剪四周。

1. 推剪顶部

先要考虑是平头式还是圆头式，然后再操作。如果是平头式，要求顶部扁平，一般先将头顶部中心部位推好。把电推剪端平，从前向后平稳地推，使顶部先成扁平的方形，为顶部头发做出一个标准水平；在推至两侧及枕骨部位时，为了使头部保持弧形，轮廓不能采取满推，而要将梳子斜着拿，用部分刀齿推去梳面上露出的头发。平圆头式则顶部中间要平，接近两侧要成弧形，电推剪要按弧形移动。

2. 推剪周围轮廓

顶部推剪后，再从右边鬓发开始，略带一定角度向上推到顶部，与顶部周围头发连成一体，略带弧形。

三、男式有色调发式推剪与修剪的质量标准

1. 色调均匀，两边一致

色调是肤色与发色交融后产生的，如同画家描绘的水墨画那样，使皮肤的颜色逐渐由显而隐、由亮至暗，即从基线发根透露出肤色到发式轮廓线位置肤色逐渐隐没，显得浓淡适宜，头发的颜色由浅至深，自然地组成明暗均匀的色调，主要体现在中部。不能推剪得黑一块白一块，也不能推剪得上黑下白、黑白分明，更不应有一部分头发凸出或凹进的现象。两边留发长短、色调深浅，以及轮廓位置的高低等，则要求左右一致。

2. 轮廓齐圆，厚薄均匀

轮廓主要指顶部和中部之间的头发向四周披覆时，都要构成大致相等的弧形，无论从哪一个角度看，顶部都应该是圆弧形的轮廓（平头除外）。自脑后鼓起的枕骨隆凸向下，要形成倒坡形，坡度要陡一些，但不能有过大的倾斜，轮廓周围无论是横向、斜向或直向，引出来的线条都应该是弧形的，不能有锯齿状缺角，也不应该有破折或卷曲产生的棱角。轮廓周围发梢修剪得整齐，显得有层次且厚薄均匀，顶部头发显得浑圆饱满。

3. 高低适度，前后相称

左右鬓发也是轮廓的组成部分，因此在向上推剪时，也需要保持色调的匀称。两边鬓角色调要对称，不能互不相关，否则看上去很不协调。从侧面来看，顺着头发自然生长的趋势，发式轮廓线要带有一定的斜度，使额前部分略高于后枕部，以达到前后相称的效果。如果轮廓前后高低不分，会显得不协调。

四、男式有色调发式推剪与修剪的注意事项

1. 两边色调要一致。

2. 两侧发式轮廓线高低一致。

3. 头发层次清晰分明，厚薄均匀。

4. 发式修剪定式准确。

5. 在修剪顶部层次时，可采用夹剪或挑剪的方法进行修剪，也可夹剪与挑剪结合进行。

男式有色调长发式的推剪与修剪

操作准备

1. 工具和用品准备：剪发围布 1 条、干毛巾 1 条、围颈纸 1 张、电推剪 1 把、中号梳子 1 把、小抄梳 1 把、剪刀 1 把、牙剪 1 把、掸刷 1 把。

2. 顾客准备：为顾客披上干毛巾，围上围颈纸和剪发围布。

操作步骤

步骤 1 先梳顺、梳通头发，然后开始推剪右鬓角色调。从鬓角开始，用小抄梳的前端贴住鬓角下部，角度根据发式轮廓线的位置及留发长度而定，梳子与头皮夹角越小，留下头发越短，发式轮廓线位置就越高。电推剪使用半推法，与梳子配合，推剪出耳前色调。鬓角处不能有棱角出现，两侧要求色调均匀、发式轮廓线相等。

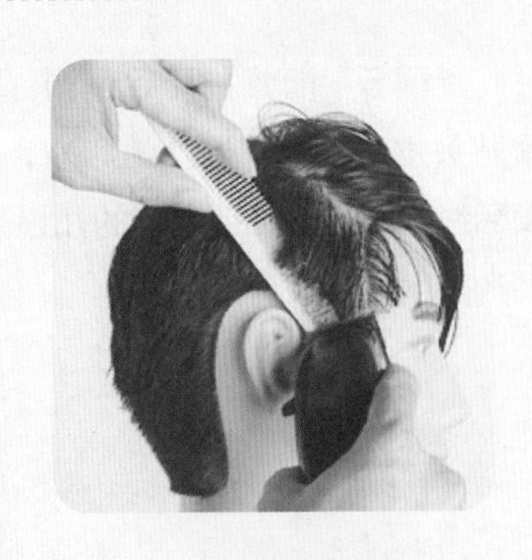

步骤 2 推剪右耳上色调。小抄梳前端贴住发际线，角度向外倾斜，电推剪使用半推法，推剪至耳上轮廓时梳子向上弧线形移动，用电推剪剪去梳齿上的头发，使色调均匀，轮廓齐圆，并与耳前连接。

步骤 3 推剪右耳后色调。梳子在耳后斜向梳起头发，梳齿向外倾斜，角度越大留下的头发越长，梳背紧贴发际线，用半推法将头发剪去，推剪出均匀的色调，并与耳上连接。

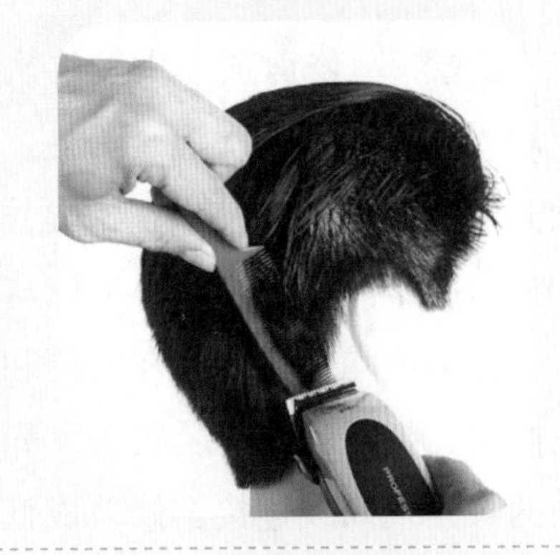

步骤 4 推剪后颈部色调。梳子呈水平状或倾斜状，梳齿向上，梳面与头皮保持一定的角度，角度越大留下的头发越长。电推剪操作时，使用满推，梳子水平状或倾斜状向上慢慢移动，电推剪剪去梳齿上的头发以产生齐圆的发式轮廓线。在与耳后的发式轮廓线连接时，将梳子斜着操作，使发式轮廓线呈圆弧形。用同样的方法处理左侧后颈部的色调。

步骤 5　推剪左耳后色调。小抄梳前端紧贴头皮，后端有选择地腾空，在贴近耳后发际线处，用电推剪左侧的几根齿切断头发，并产生倒坡状的色调。

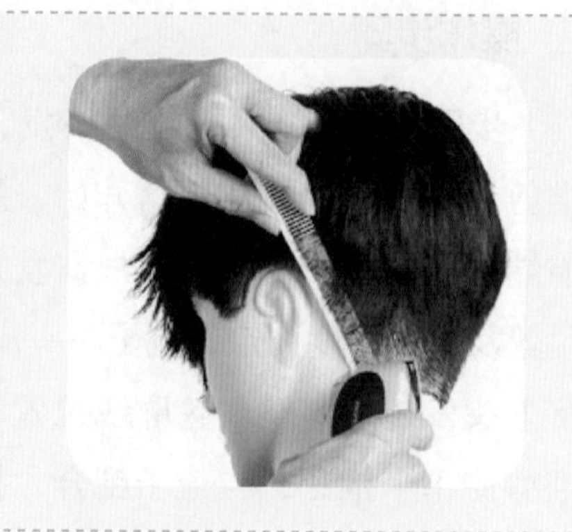

步骤 6　推剪左耳上、左鬓角色调。用小抄梳按所需长度扶直鬓角的头发，以 45°推剪切断头发，并产生由短到长的坡度。

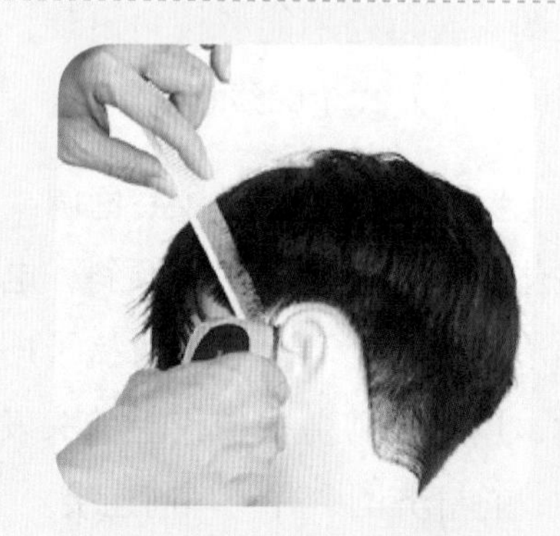

步骤 7　修剪顶部头发层次。男式发式以均等层次和低层次混合为主，修剪时从前额开始到头顶，将发片正常提拉（与头皮成 90°），使用活动设计线，手位与头部曲线平行，修剪成均等层次。在两侧和后枕部，手位倾斜，把上面均等层次头发和发式轮廓线处的头发用弧线连接，修剪成低层次，使上下部分连接。

步骤 8　用夹剪的方法，按序分批修剪后顶部、后枕部头发层次。

步骤 9 用夹剪的方法修剪右侧发式轮廓线。发式轮廓线形成后，周围发梢仍可能长短不一，还需要自前额开始，沿发式轮廓线周围再修剪一次。一般采用夹剪方法处理。

步骤 10 用夹剪的方法修剪后枕部发式轮廓线。分片有序地剪去锯齿状的参差不齐的发梢，并修饰轮廓。

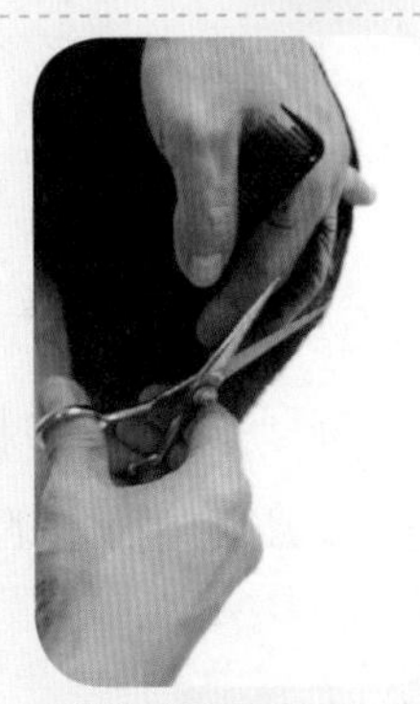

步骤 11 用夹剪的方法修剪左侧发式轮廓线。

步骤 12 用挑剪的方法修饰右侧发式轮廓线。从右鬓发开始，将发式轮廓线处的头发缓慢向上提拉，同时配合将过长的头发剪去，修饰因为头发堆积而形成的重量线，使上下两部分连接得较为和谐，并且把发式轮廓线修饰成弧形。

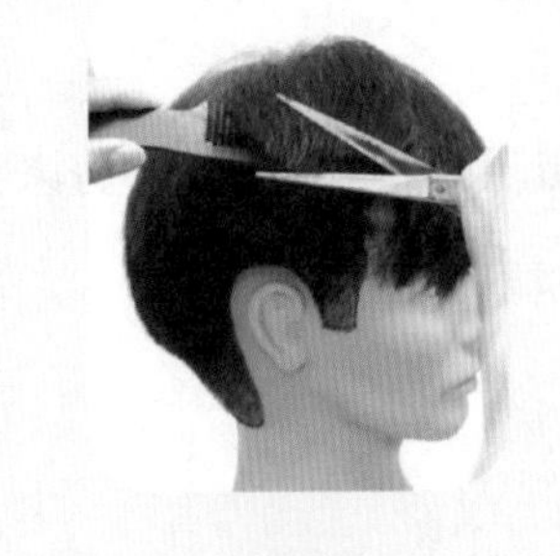

步骤 13 用挑剪的方法修饰后枕部发式轮廓线。对于色调不够匀称的部分应进行细致的加工。头部凹陷处可能会出现较深的色调，可用刀尖剪的方法调整，使鬓角到后颈部的色调均匀。

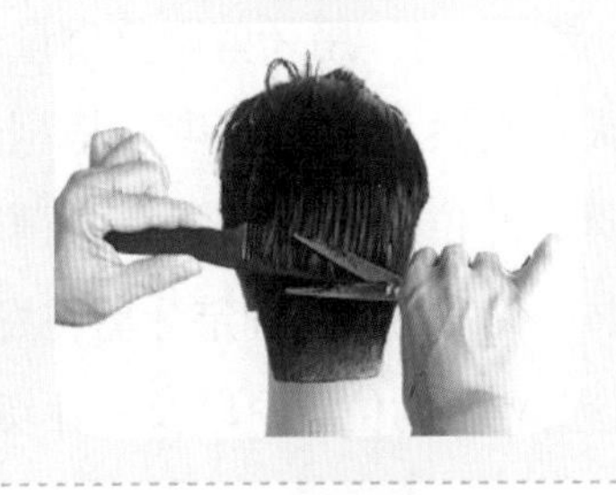

步骤 14　用挑剪的方法修饰左侧发式轮廓线，使上下衔接。

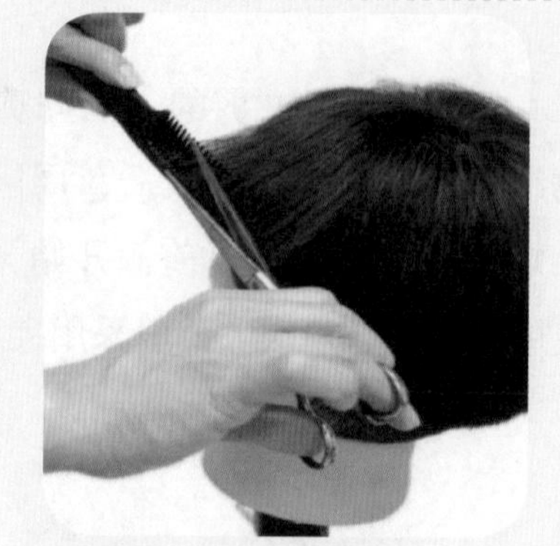

步骤 15　用挑剪的方法修饰顶部层次。左手持梳，梳子按需要的长度与头皮平行挑起头发，剪刀剪去梳齿上的发梢，按序推进。

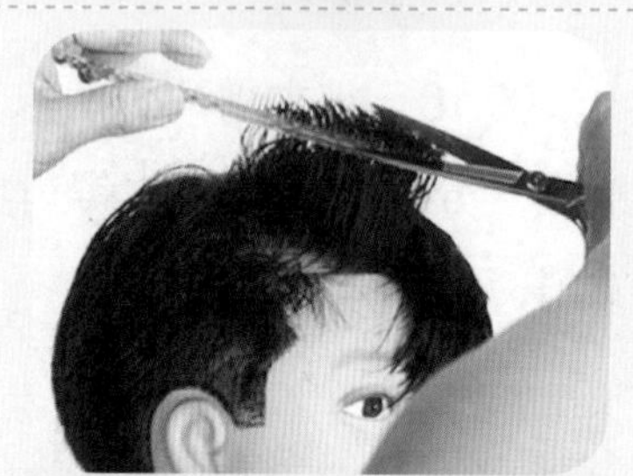

步骤 16　用挑剪的方法修饰额前层次。

步骤 17　使用刀尖剪来处理发梢，减轻发梢的重量。

步骤 18　用牙剪调整发量。调整发量前，应认真观察头发的密度，根据发式要求决定打薄的部位和打薄的量。打薄时根据发式的要求、头发的密度确定牙剪在发片的发根、发中、发尾上的位置，以及发片切口的角度。

步骤 19 用梳子将头发全部梳通、梳顺，检查一遍，对发式进行最后的修饰调整，对发式轮廓线四周的发梢毛边可用垂直托剪的方法修饰。

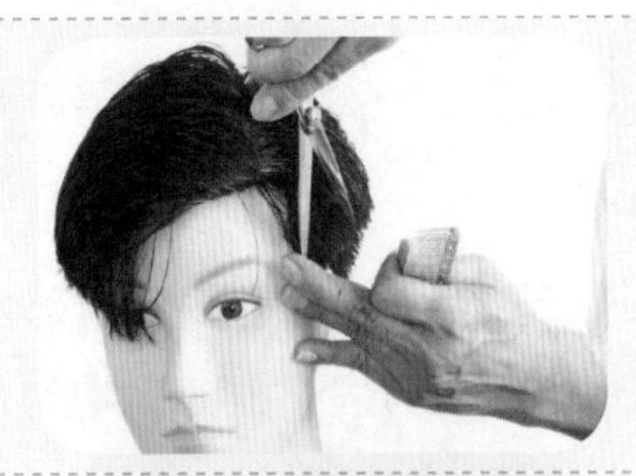

步骤 20 修剪完成后，发式应色调匀称、轮廓圆润、层次调和。修剪完成后用掸刷将碎发掸净。

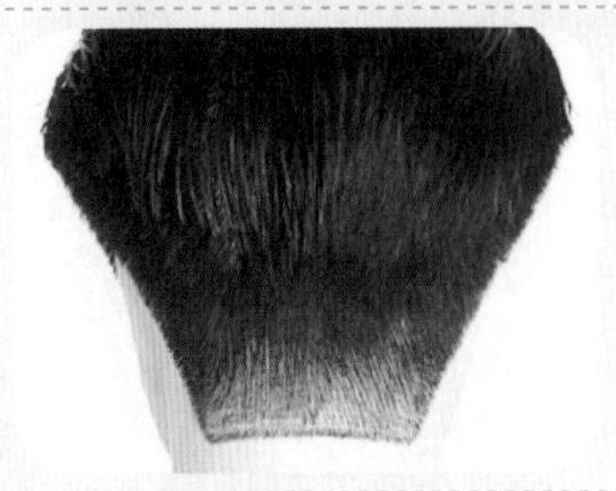

男式有色调中长式的推剪与修剪

操作准备

1. 工具和用品准备：剪发围布 1 条、干毛巾 1 条、围颈纸 1 张、电推剪 1 把、中号梳子 1 把、小抄梳 1 把、剪刀 1 把、牙剪 1 把、掸刷 1 把。

2. 顾客准备：为顾客披上干毛巾，围上围颈纸和剪发围布。

操作步骤

步骤 1 梳顺、梳通头发，小抄梳前端贴住发际线，角度向外倾斜，用电推剪半推至耳上轮廓时梳子向上弧线形移动，用电推剪剪去梳齿上的头发，使色调均匀，轮廓齐圆，并与耳前连接。

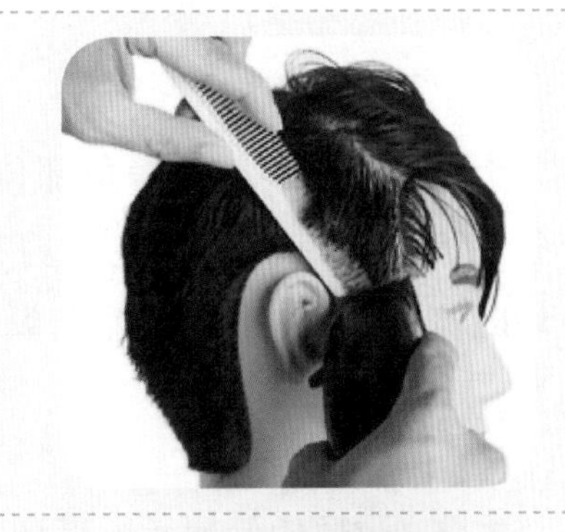

步骤 2 小抄梳在耳后斜着梳起头发，梳齿向外倾斜，角度越大留下的头发越长，电推剪紧贴右耳后发际线，用半推法将头发剪去，推剪出均匀色调，并与耳上连接。

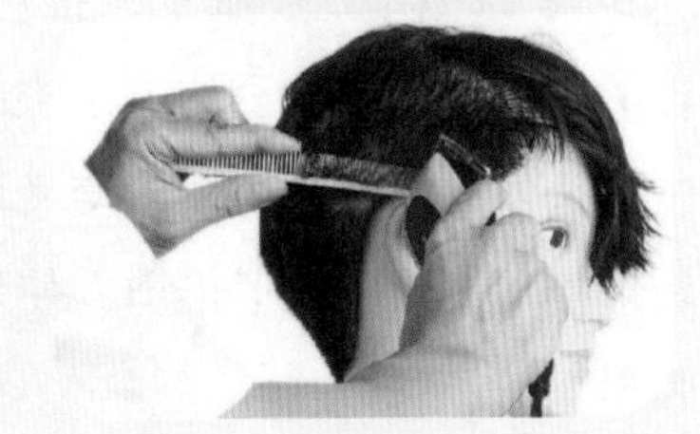

步骤 3　梳齿紧贴后颈部发际线，用半推法将头发剪去，推剪出均匀色调，并与后枕部连接。

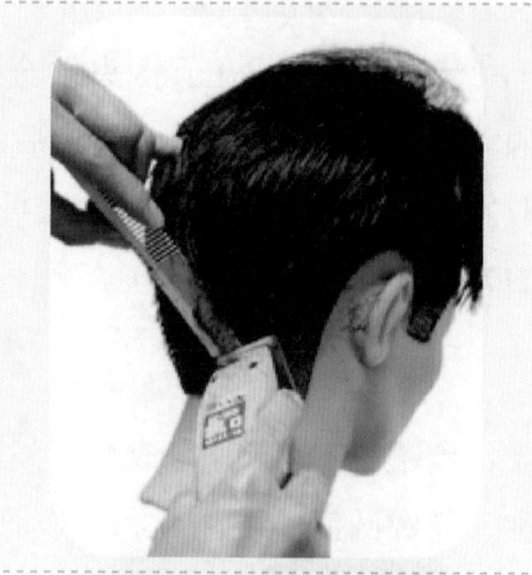

步骤 4　在左耳后发际线处用小抄梳梳起头发，梳背紧贴头皮、梳齿向外，电推剪与头皮成 45°循发际线弧形推剪切断头发。

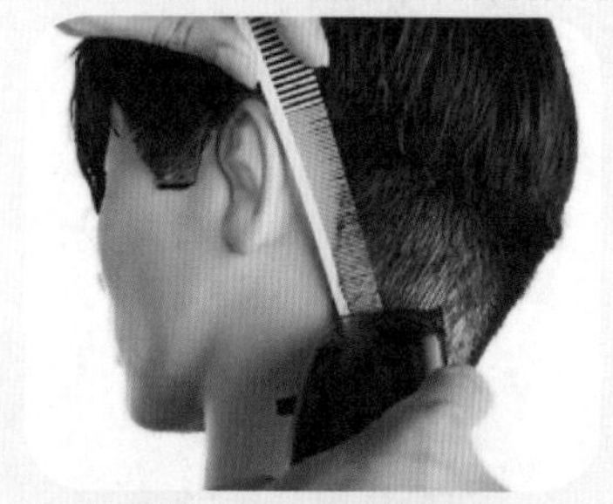

步骤 5　用小抄梳按所需长度梳起左耳上头发，电推剪以 45°切断头发，并产生由短到长的坡度。小抄梳与电推剪呈交叉状。

步骤 6　推剪左侧鬓角部位的头发时，小抄梳腾空挑起头发，电推剪按挑起的长度切断梳面上的头发，使它与鬓角处的色调衔接。

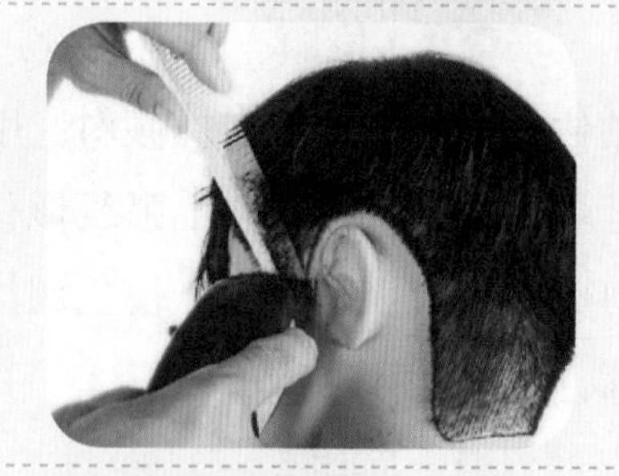

步骤 7　换中号梳子，推剪发式轮廓线部位的头发。用端梳子的方法挑起右耳上轮廓部位的头发，电推剪与梳子交叉进行操作，先倒坡形推剪，后圆弧形推剪，使发式轮廓线呈圆弧形。

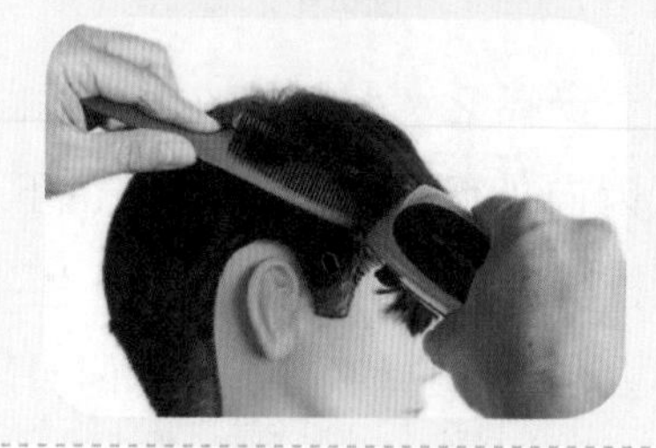

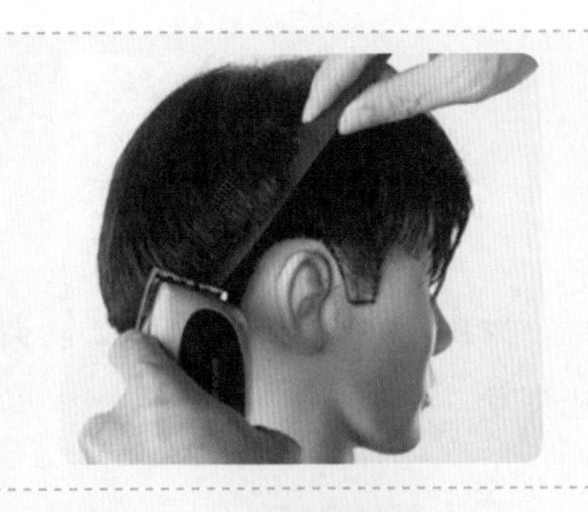

步骤 8 右耳后用梳子和电推剪配合，处理轮廓部位凸出的头发，使轮廓圆润。

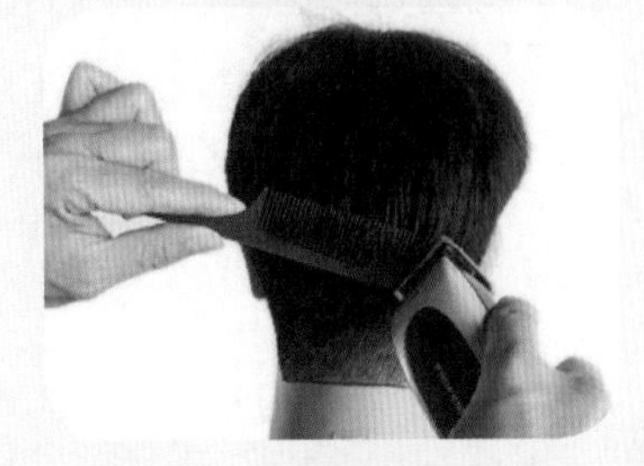

步骤 9 右后侧也是以倒坡形、垂直、弧形的运动规律来处理，使轮廓圆润。

步骤 10 左后侧的处理与右后侧相方法相似，但到左后侧时左手的手臂抬起，右手则在下方。

步骤 11 左耳后及耳上处理时，左手持梳按发式轮廓线的部位进行推剪，使发式轮廓线不明显地留存。

步骤 12 从前额开始到头顶以均等层次和低层次混合为主修剪。将发片正常提拉（与头皮成 90°），使用活动设计线，手位与头部曲线平行，按序分批由前往后夹剪，修剪成均等层次。

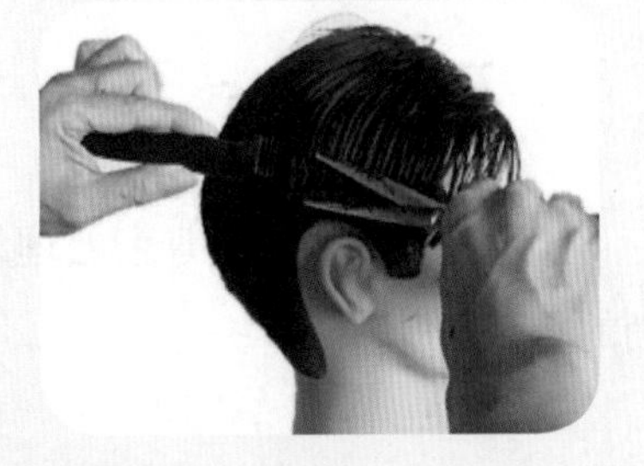

步骤 13 两侧和后脑部分修剪时，手位倾斜，把上面均等层次的头发和发式轮廓线处的头发用弧线连接，修剪成低层次，使上下部分连接。

步骤 14 用夹剪的方法分片有序地剪去锯齿状参差不齐的发梢。

步骤 15　用挑剪的方法修剪左前额轮廓处头发。

步骤 16　用端梳法按目测长度按序分批挑剪出顶部的长度。由发式轮廓线处按序分批挑剪至顶部。

步骤 17　用上述同样的方法挑剪右后侧。

步骤 18　用上述同样的方法挑剪后枕部轮廓。

步骤 19　用上述同样的方法挑剪左前额头发的长度。

步骤 20　用上述同样的方法从前向后按序修剪。

步骤 21　用刀尖剪来处理发梢，减轻发梢的重量。

步骤 22 根据发式要求来决定打薄的部位及打薄的量。打薄时，掌握牙剪在发片上的位置（发根、发中、发尾）及发片切口的角度。

步骤 23 用垂直托剪的方法将四周发式轮廓线处头发的毛边修饰一下。

步骤 24 用刀尖剪的方法修饰色调，使色调更均匀。

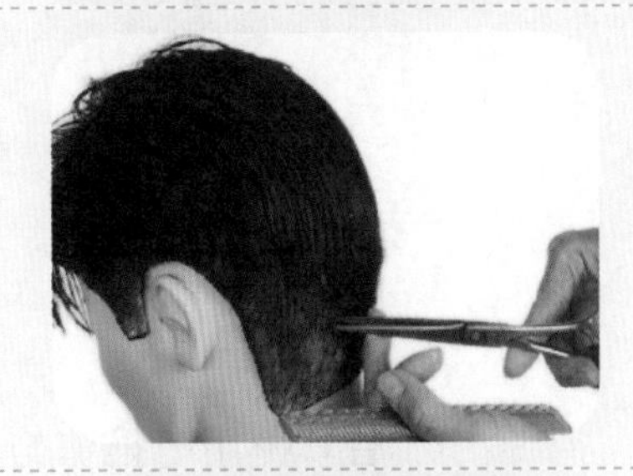

步骤 25 修剪完成后，发式前后协调，发式轮廓线定位准确、色调均匀。修剪完成后用掸刷将碎发掸净。

男式有色调短长式的推剪

操作准备

1. 工具和用品准备：剪发围布 1 条、干毛巾 1 条、围颈纸 1 张、电推剪 1 把、中号梳子 1 把、小抄梳 1 把、剪刀 1 把、牙剪 1 把、掸刷 1 把。

2. 顾客准备：为顾客披上干毛巾，围上围颈纸和剪发围布。

操作步骤

步骤 1　梳顺、梳通头发，用中号梳子配合进行粗剪。梳子纵向使用，梳子前端紧贴头皮，梳子后端腾空，形成一个坡度，电推剪自下而上贴梳面做切断运动，用此方法将发式轮廓线一周及色调一圈进行粗剪一遍。

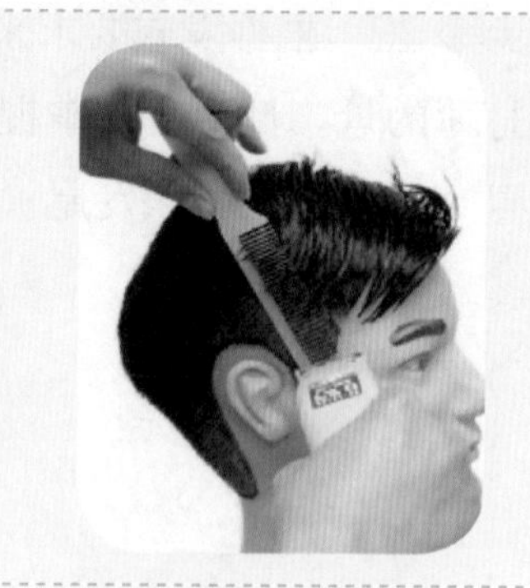

步骤 2　用小抄梳在鬓角部位进行有序推剪，先产生色调后连接轮廓。

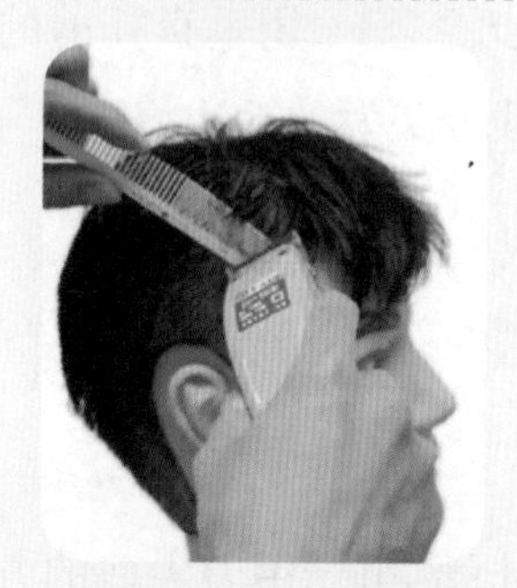

步骤 3　后耳侧用电推剪与小抄梳配合，电推剪的刀齿部位与头皮成 45°，并以左侧齿板的部分刀齿在发际线外按发际线的形态来推剪。

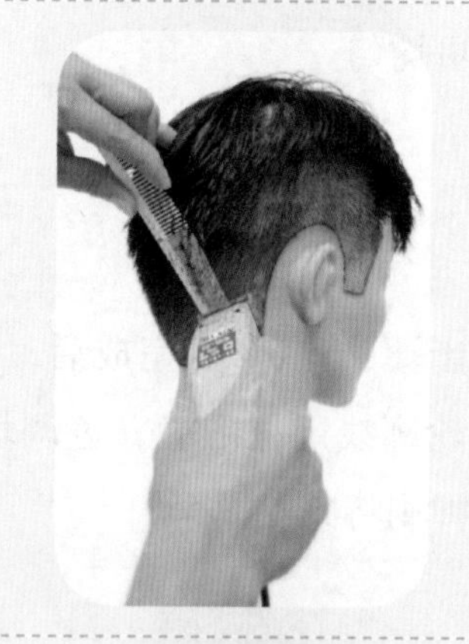

步骤 4　右后枕部发式轮廓线下产生色调。梳子以倒坡形来引导电推剪进行满推的操作，产生色调。

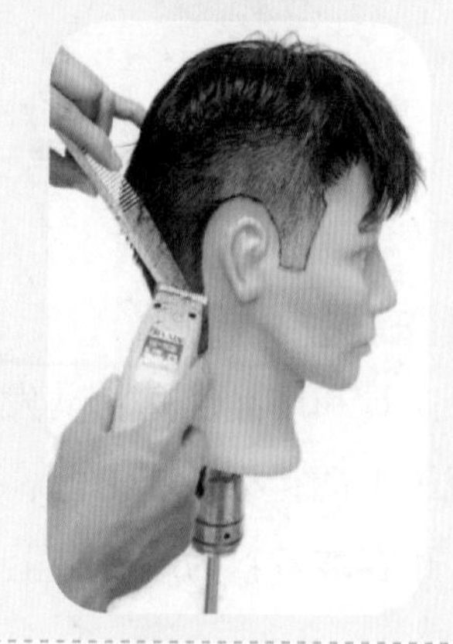

步骤 5　左后枕部的操作方法与右后枕部相似，但要注意与后枕部正中的衔接。

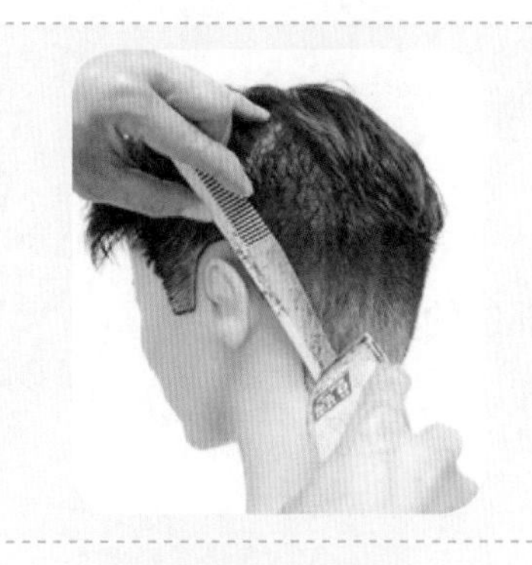

步骤 6　左后耳部用小抄梳紧贴头皮，梳齿挑起并扶直头发，紧贴梳背推剪使底部毛发光洁、干净。

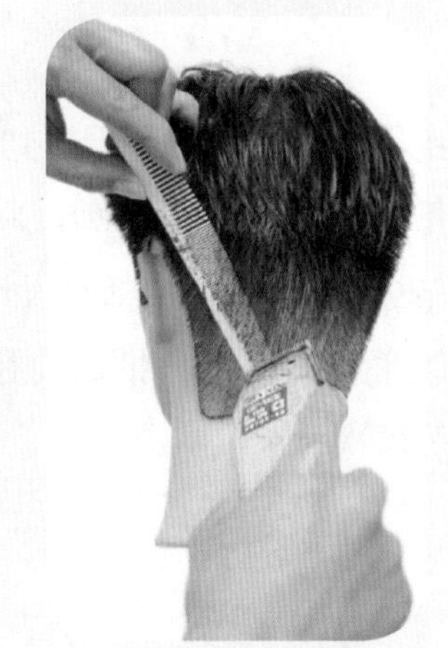

步骤 7　左耳上方用小抄梳梳背紧贴发际线，梳齿向外倾斜与头皮形成 15°～30° 的夹角，电推剪随梳子形成的角度推剪。

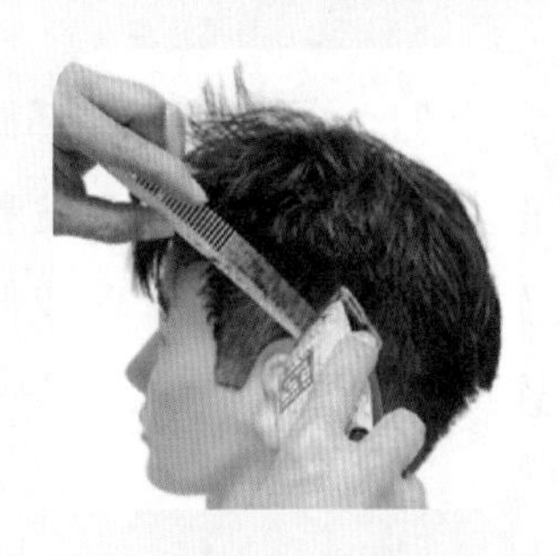

步骤 8　左鬓角部位用小抄梳竖立配合进行纵向推剪，梳前端紧贴头皮，梳后端腾空与头皮形成 15°～30° 的夹角，电推剪沿梳面切断头发（注意电推剪应轻轻贴在梳面上运动，切忌用力压）。

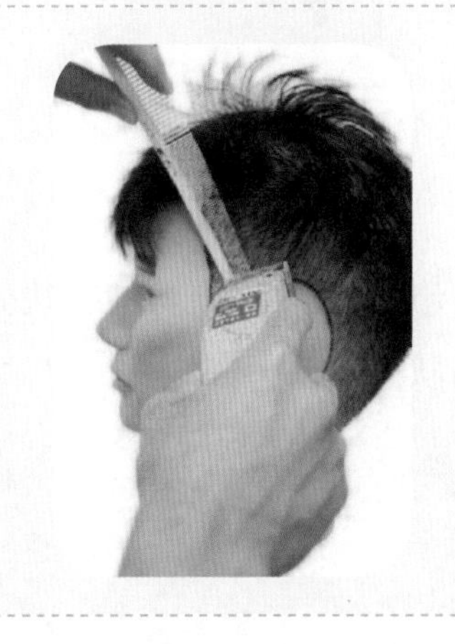

步骤 9　用中号梳子配合电推剪处理轮廓部位的头发。

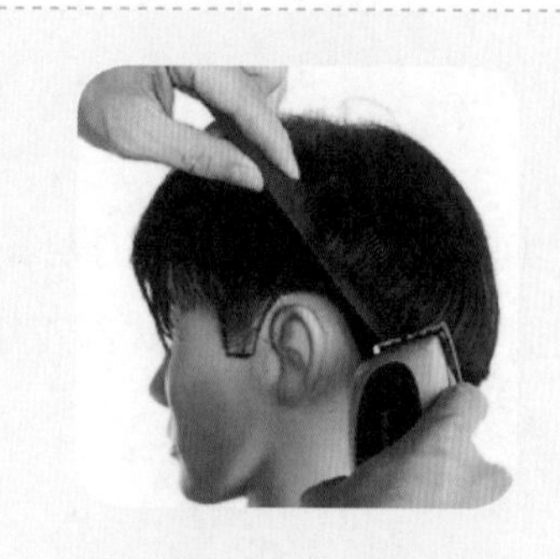

步骤 10　从前额开始到头顶以均等层次和低层次混合为主修剪。将发片正常提拉（与头皮成 90°），使用活动设计线，手位与头部曲线平行，按序分批由前往后夹剪，修剪成均等层次。

步骤 11　两侧和后枕部修剪时，手位倾斜，把上面均等层次的头发和发式轮廓线处的头发用弧线连接，修剪成低层次，使上下部分连接。

步骤 12　用夹剪的方法分片有序地剪去锯齿状、参差不齐的发梢。

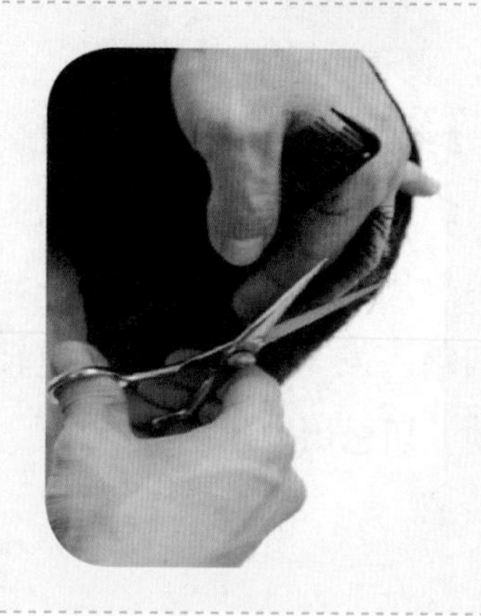

步骤 13　用夹剪的方法修剪左侧轮廓。

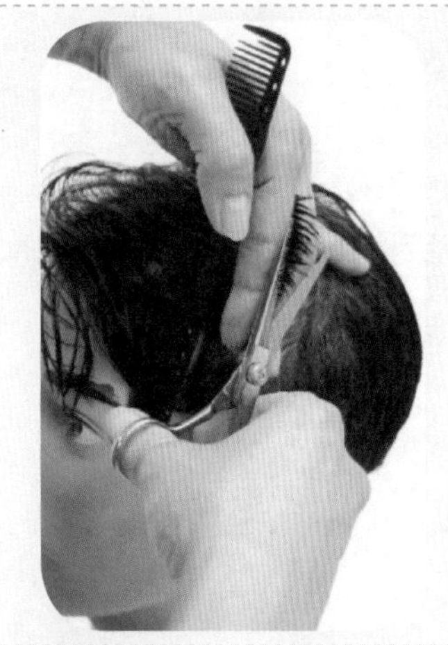

步骤 14　用刀尖剪来处理发梢，减轻发梢的重量。

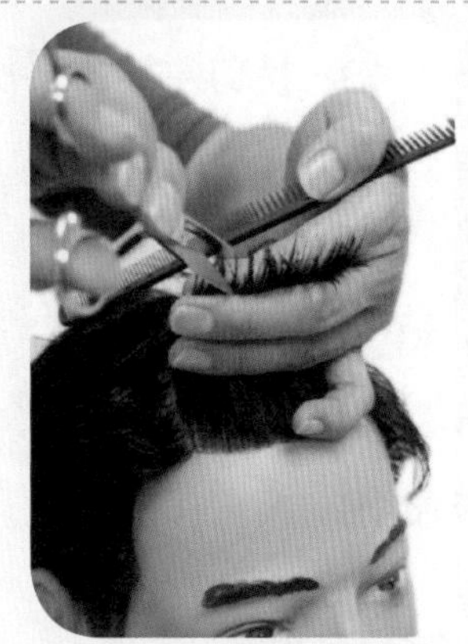

步骤 15　从右侧开始挑剪顶部层次，按发式所需的长度有序进行。

步骤 16　挑剪后顶部。

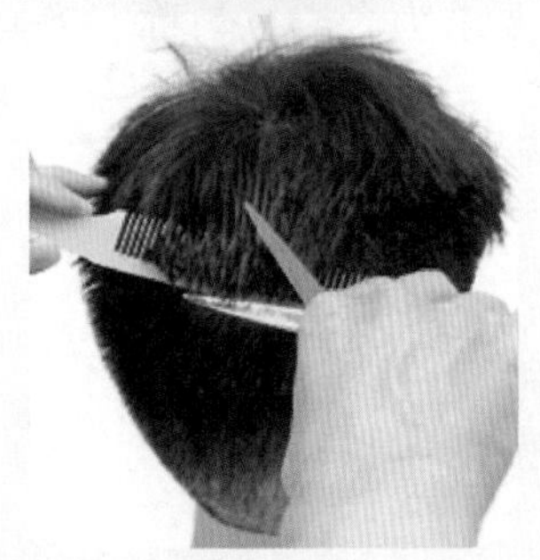

步骤 17　挑剪左顶部层次。	
步骤 18　挑剪左额前层次。	
步骤 19　挑剪额前层次。	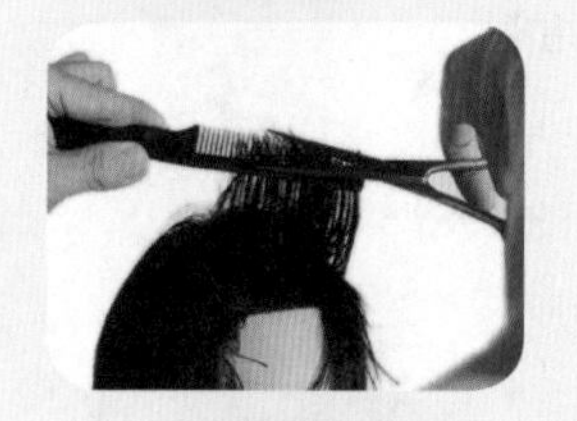
步骤 20　修剪完成后，用掸刷将碎发掸净。短长式正视要求为相等、齐圆、参差、调和，俯视要求为对称、圆润、调和，后视要求为光洁、匀称、齐圆、对等、协调、柔顺。	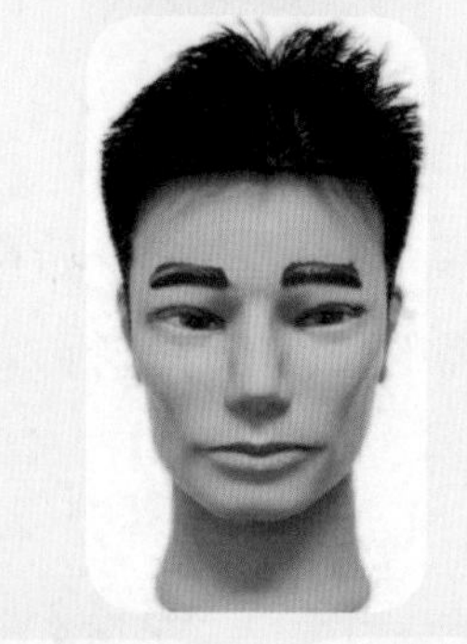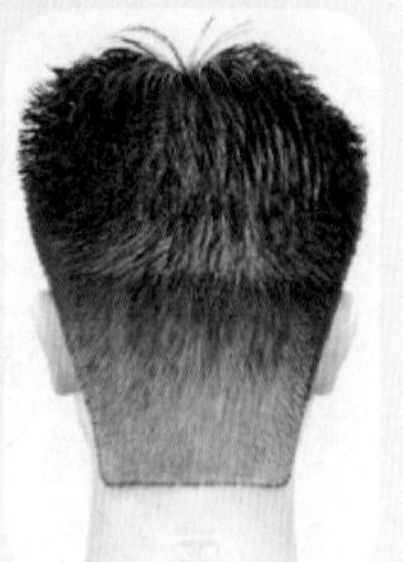

培训单元 4　女式生活类发型修剪

了解女式基本发型的分类。

熟悉剪发的基本层次。

掌握短发修剪的操作程序。

掌握基本线条的修剪方法。

能够进行各种女式生活类短发的修剪。

一、女式基本发型的分类

女式基本发型分类的方法有按留发长短分类、按头发的曲直状态分类。

1. 按留发长短分类（见表 4–7）

表 4–7　按留发长短分类

发型	说明	图示
超长类发型	头发的下沿线超过两肩连线 20 cm	
长发类发型	头发的下沿线与两肩连线之间的距离在 20 cm 以内	

续表

发型	说明	图示
中长类发型	头发的下沿线在衣领上部至两肩连线之间	
短发类发型	头发的下沿线在两耳垂水平连线至衣领上部之间	
超短类发型	头发的下沿线在发际线以上、两耳侧头发短于盖半耳或两耳露出	

2. 按头发的曲直状态分类

（1）直发类发型。直发类发型是指没有经过烫发或做花盘卷工艺，仍然保持原来自然的直发状态，经过修剪成一定的形状，吹风造型后可形成各种不同形态的发型。直发类发型中有长、中、短等多种发式，它是女式发型中最简洁、方便的发型。它有操作简易、梳理方便、发式自然、动感强、随和飘逸等特点。随着时代的进步，女式发型的修剪技术不断改进、发展和提高，出现了很多线条简洁、轮廓多样的直发类发型，如平直式、蘑菇式、长碎发、短碎发、羽毛式、刺猬式、港式、奔式等很受青年女性的青睐。

（2）卷发类发型。卷发类发型是指头发经过烫发或做花盘卷工艺而形成卷曲形状，通过梳理、组合等操作塑造各种不同形态的发型。卷发类发型操作繁复，操作技术和造型艺术要求高。烫后的头发再经过做花盘卷，可塑性很强，能形成各种不同形状的曲线纹理，梳理后可以组合成各种各样的发型，如波浪式、大花式、油条式、翻翘式、中分式等。

3. 女式短发类发型分类（见表 4–8）

表 4–8 女式短发类发型分类

名称	说明	图示
固体层次发型	女式短发固体层次发型也称为单一层次发型、长方形轮廓发型，修剪后的外轮廓近似长方形，是直发类发型中最基本的发型，它要求发型下沿切线的头发修剪后达到整齐划一的效果，头发修剪后要梳平伏，垂落下来的头发要平齐完整，没有层次	
均等层次发型	均等层次发型的头发长度都是一样的，可以产生均等的方向感和动感，头发沿头部曲线散开，形成活动纹理。修剪时，提拉或剪切角度为 90°，同头部曲线平行	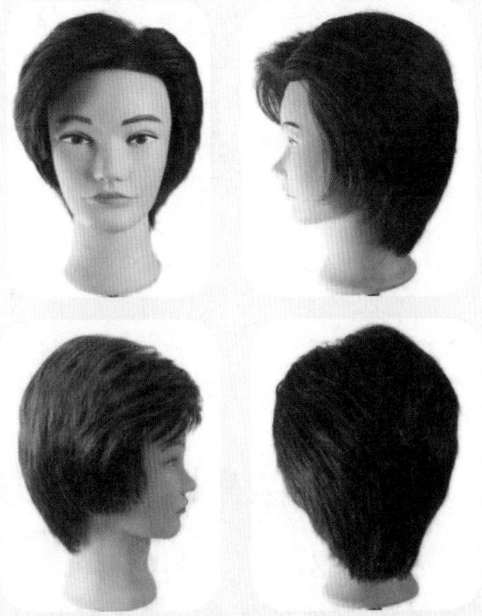

续表

名称	说明	图示
边沿层次发型	头发长度是延续的，但从内圈到外圈长度递减，发梢看起来互相堆叠在一起，从而形成一种外圈是活动纹理、内圈是静止纹理的效果。这种发型可以减少量感和横向拉宽整体轮廓。修剪时，提拉或剪切角度为 0°～90°	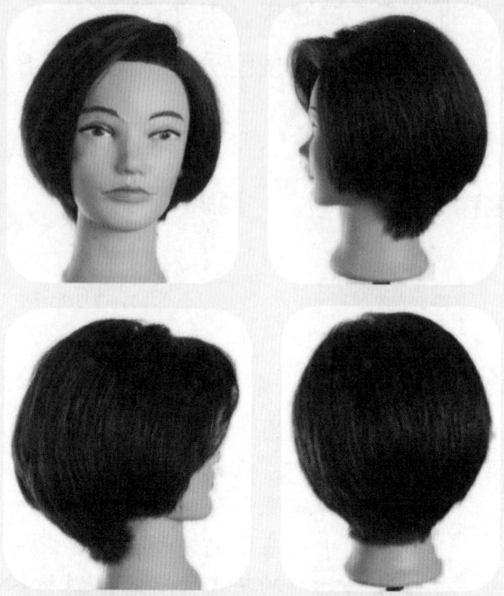
渐增层次发型	头发长度是从内圈到外圈连续递增的，从而形成没有视觉发重的活动纹理，可以纵向拉长整体轮廓。渐增层次发型受人喜欢且多样化，是由于它既有层次又能保留相应的长度，有发量、纹理和方向性动感	

二、女式短发修剪的操作程序

1. 头发分区

头发分区就是分发区，常简称分区。在女式发型修剪中，首先应根据发型要求进行头发分区，常用的头发分区方法有四分区、五分区、六分区、七分区等多种。

2. 修剪导线

导线是女式短发修剪时留发长短的基准线。常用的导线有后颈部导线、顶部导线（横向线或纵向线）、前额刘海导线等。

（1）后颈部导线的修剪。在后颈部下沿线底部分出 2 cm 左右厚度的发片，梳顺发丝，将发片提拉 0°～45°，依据留发长短修剪出后颈部导线。

（2）顶部导线的修剪。在顶部发区的横向边沿或纵向边沿分出一片 2 cm 左右厚度的发片，梳顺发丝，将发片提拉 90°，依据留发长短修剪出顶部导线。

（3）前额刘海导线的修剪。在前额刘海发区的下沿分出一片 2 cm 左右厚度的发片，梳顺发丝，将发片提拉 45°～90°，依据留发长短修剪出前额刘海导线。

3. 延伸导线分区修剪

以导线为基准，向上延伸分出一片发片梳顺。分发片的方法与第一片相同，每片发片的厚度以透过上面的头发能看到下面修剪过的发片为宜。以导线为标准，修剪发片。然后用同样的方法继续向上逐层延伸导线，逐片修剪，直至完成该发区的修剪。

完成第一个发区的修剪后，继续延伸导线，以上述相同的方法分区逐层划片，完成各区的修剪。

4. 检查、修饰与定型

将各发区的发片进行去角连线，使发片与发片之间的衔接更细致调和，并调整层次厚薄，对发尾进行发量的处理，使发量适中。

对发型的轮廓、层次、发尾等进行全面的检查，对不够完善或不符合发型要求的部位进行必要的修饰。

三、剪发的基本层次

层次是指头发有序的排列，是发梢重叠、有斜度的一种造型方法，不同的修剪方法形成不同的层次结构。层次是发型轮廓的重要组成部分，剪发的基本层次见表 4–9。

表 4–9　剪发的基本层次

层次类型	说明	图示
零度层次	表现为头发的层次全部集中在一起而形成直发，这种层次结构的特点是表面平滑，没有动感，顶部头发长，底部头发短，充分显示了头发的量感	
低层次	在头发的边缘部位出现了坡度，其特点是头发上长下短，修剪时头发慢慢地放长，修剪后头发的层次幅度较小，层次截面也较小，增加了头发的厚度	
高层次	与低层次相反，头发上短下长，头发层次的多少要看它的长短比例。顶部头发和下部头发的长短差距越大，那么层次就越高，发型的动感就越强；反之，则层次越低，发型的动感就越弱	
均等层次	整个头部所有头发长短一致，头发的层次均匀，发型有动感	

四、基本线条的修剪方法

1. 平直线的修剪方法

（1）分 6 个发区（见图 4–9）。

（2）修剪导线（见图 4–10）。在后发区最底部分出 2 cm 左右厚度的横向水平发片，梳顺发丝，依据留发长短修剪出一条水平导线。

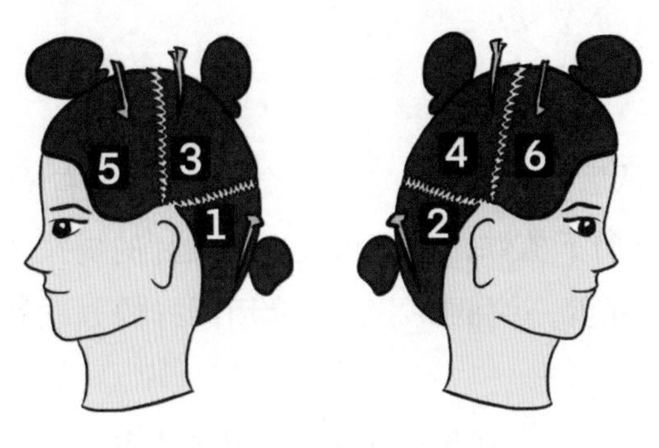

图 4-9 分 6 个发区

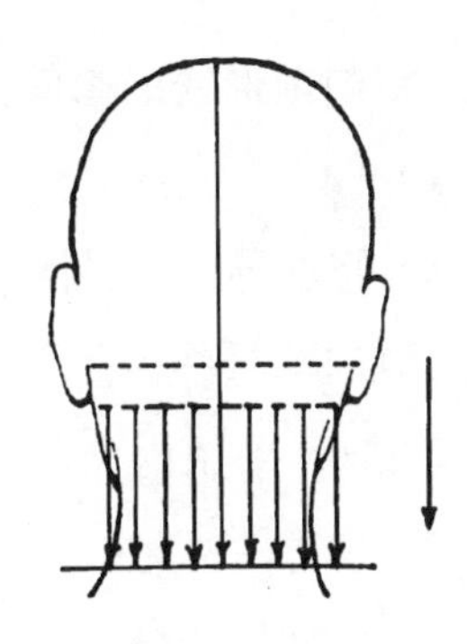
图 4-10 修剪导线

（3）延伸导线分区修剪（见图 4-11）。

1）剪出导线之后，再向上分一片发片梳顺。分片方法与第一片相同，每片发片的厚度以透过上面的头发能看到下面修剪过的发片为宜。以导线为标准，修剪发片。然后用同样的方法继续向上修剪，直至两耳水平线处。

2）修剪两耳水平线上方直至顶部的头发时，剪断发片的方法与下部修剪时相同。修剪时头发必须向下梳顺，提拉发片不能有角度，在不破坏导线的情况下平齐地剪断头发。

3）修剪侧发区头发时，要先将顾客的头部摆正后再修剪。先将耳朵上部头发分出 2 cm 左右厚度的发片向下梳顺，以后部头发为引导平行剪齐。剪时头发不宜拉得太紧，也不可将发片向前或向后斜着剪断，必须保持直线修剪。第一层发片剪完后继续向上，采用同样的方法修剪，直至将发区的头发剪完。另一侧修剪方法相同。

（4）检查、修饰与定型（见图 4-12）。完成全部修剪后，检查两侧的头发是否一致，以及整个发型轮廓的修剪效果。方法是先将各发区的头发向下自然下垂梳发，看连接后是否平齐且环形地围绕头部，然后用手指抖动头发，进一步检查垂落后的自然平齐效果。

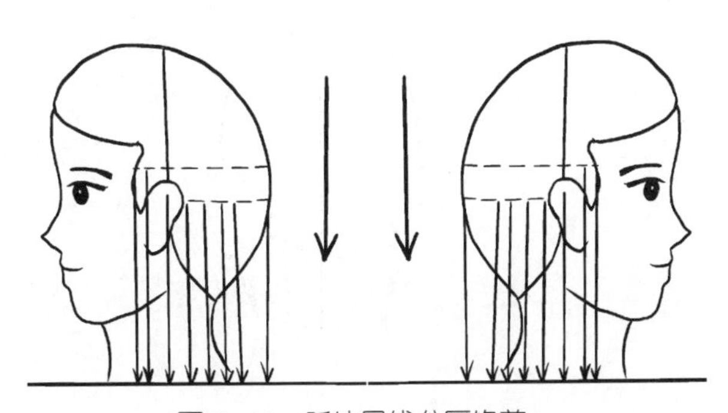
图 4-11 延伸导线分区修剪

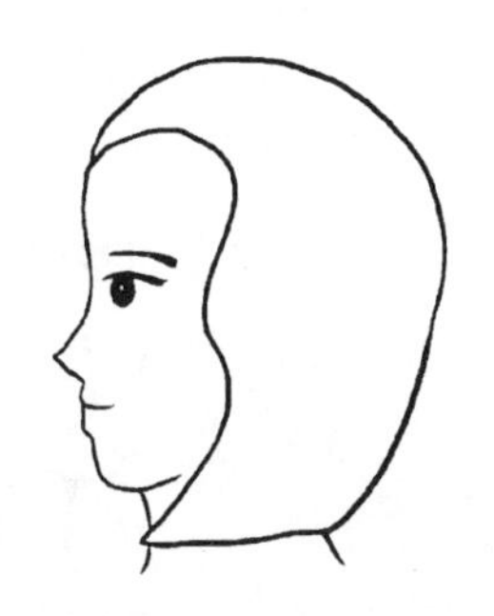
图 4-12 检查、修饰与定型

2. 斜向前形线的修剪方法

（1）分 6 个发区。

（2）修剪导线（见图 4–13）。从后发区底部中心斜着分出 2 cm 左右厚度发片，修剪出斜向前导线。把要剪的头发向下梳顺，用手指夹好，发片的提拉角度为与头皮成 45°，采用内夹剪的方法，先剪一侧的头发，然后用同样的方法修剪另一侧，剪出颈部轮廓导线。

（3）延伸导线分区修剪（见图 4–14）。剪出导线之后继续向上分层修剪，修剪方法与第一层相同，一直剪到头的顶部。修剪侧发区时，按照后发区分片的延长线平行地分出一束头发，由颈背部向两侧斜着修剪，用同样的方法完成另一侧的头发修剪。

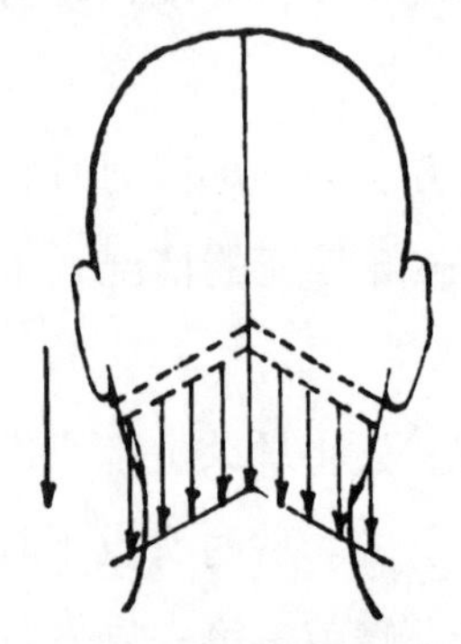

图 4–13　修剪导线

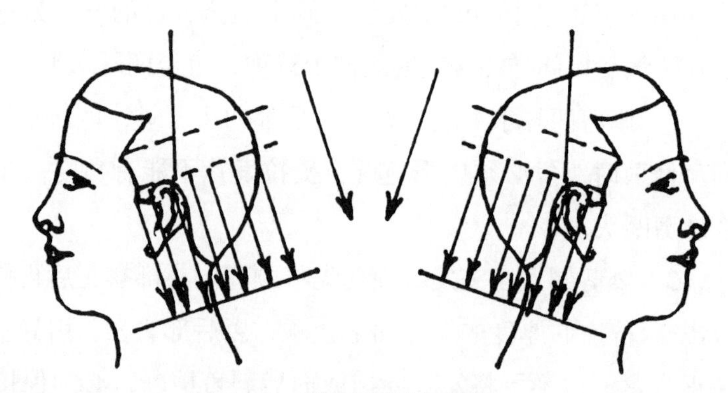

图 4–14　延伸导线分区修剪

（4）检查、修饰与定型（见图 4–15）。完成全部修剪后，检查整个发式轮廓的修剪效果，查看边沿线是否整齐，边沿层次是否衔接，两侧头发的长短是否一致。

3. 斜向后形线的修剪方法

（1）分 6 个发区。

（2）修剪导线（见图 4–16）。斜向后形线也是用斜剪法进行修剪。从后发区

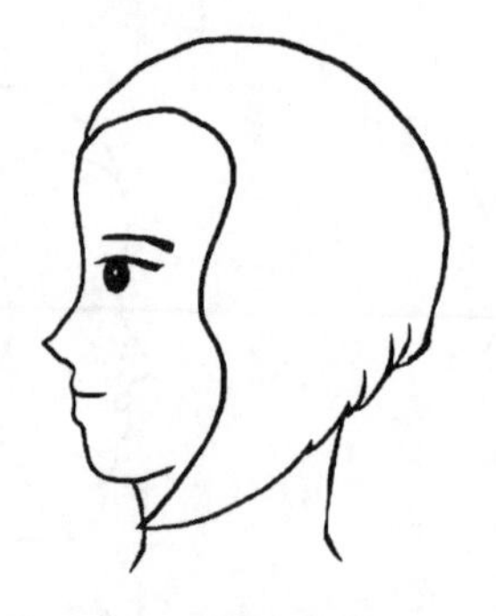

图 4–15　检查、修饰与定型

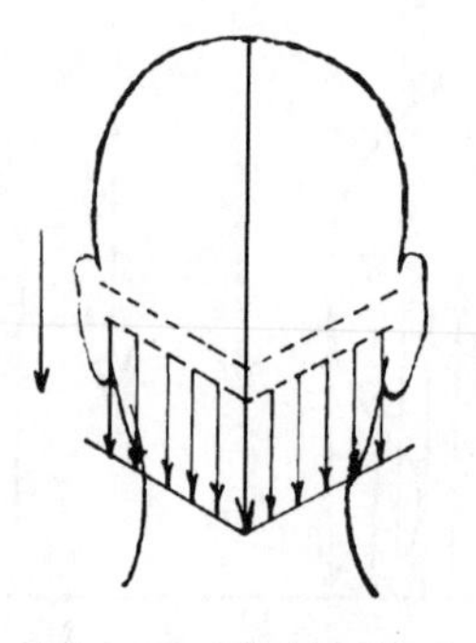

图 4–16　修剪导线

底部中心斜向分出 2 cm 左右厚度发片，修剪出斜向后导线。把要剪的头发向下梳顺，用手指夹好，发片的提拉角度为与头皮成 45°，采用内夹剪的方法，先剪一侧的头发，然后用同样的方法修剪另一侧，剪出颈部轮廓导线。

（3）延伸导线分区修剪（见图 4–17）。剪出导线之后，继续向上分层修剪，修剪方法与第一层发片相同，一直剪到头的顶部。修剪侧发区时，按照后发区分片的延长线平行地分出一束头发，由颈背部向前斜着修剪。用同样的方法完成另一侧的头发修剪。

（4）检查、修饰与定型（见图 4–18）。完成全部修剪后，检查两侧的头发是否一致，以及整个发型轮廓的修剪效果，查看边沿线是否整齐，边沿层次是否衔接，两侧头发的长短是否一致。

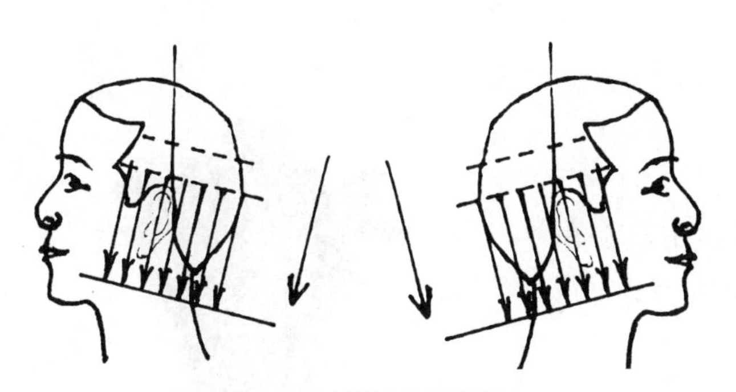

图 4–17　延伸导线分区修剪

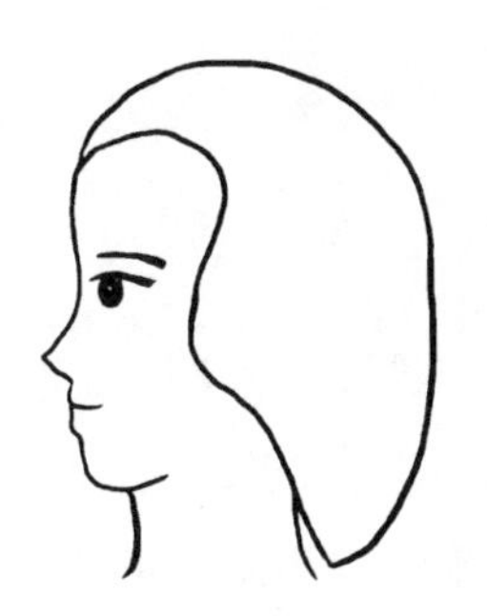

图 4–18　检查、修饰与定型

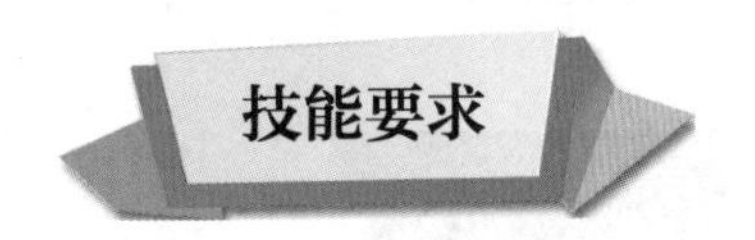

女式短发固体层次发型的修剪

操作准备

1. 工具和用品准备：剪发围布 1 条、干毛巾 1 条、围颈纸 1 张、剪刀 1 把、梳子 1 把、发夹（鸭嘴夹）若干个、喷水壶 1 个、掸刷 1 把。

2. 顾客准备：为顾客披上干毛巾，围上围颈纸和剪发围布。

操作步骤

步骤 1　将头发分成 7 个发区。

（1）头顶区前额角至黄金点的弧线。

（2）两耳上至上头顶区的垂直线。

（3）黄金点至颈背点垂直线。

（4）两耳上入发际线的水平线相连于后枕部中点。

后颈部左右为 1、2 发区，后顶部左右为 3、4 发区，左右耳上为 5、6 发区、前顶部为 7 发区。

步骤 2　将 1、2 发区最下缘分出 2 cm 左右的发片作为导线修剪发片。将水平线以下剩余的头发固定。

步骤 3　在中间取 1 ~ 2 cm 宽的水平发片，确定长度后，按发片提拉角度为 0° 修剪为导线。

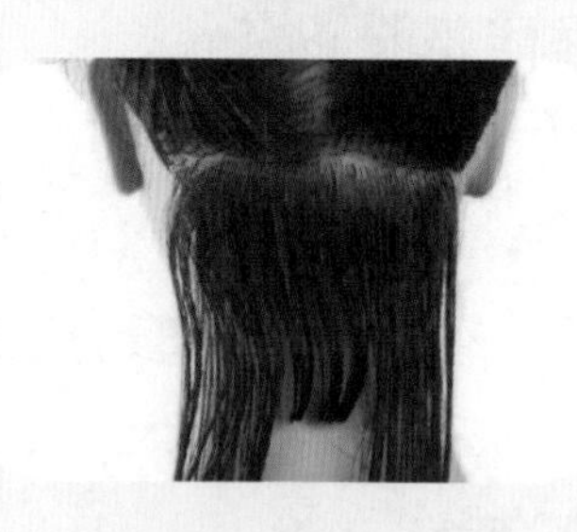

步骤 4　以中间导线头发的长度为基准，修剪右侧导线。

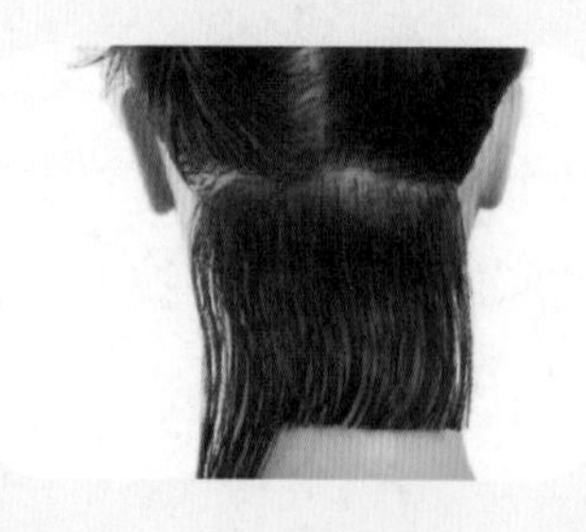

步骤5 以中间导线头发的长度基准，修剪左侧导线。

步骤6 以导线为基准向上水平分出2 cm左右的发片，以下面头发为引导修剪左右两侧，逐层向上至水平线。

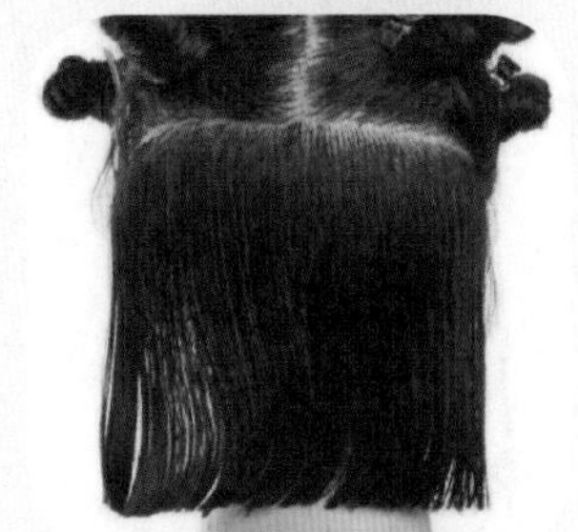

步骤7 从3、4发区下沿分出2 cm左右的发片。

步骤8 以2发区左侧发片长度为基准，发片提拉角度为0°，修剪4区导线。

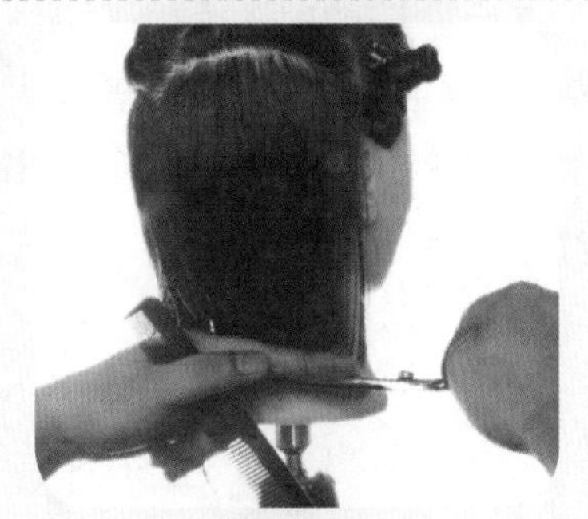

步骤9 以1发区右侧发片长度为基准，发片提拉角度为0°，修剪3发区导线。

步骤10 以3、4发区导线为基准，逐片完成3、4发区发片的修剪。

步骤11 从5发区下沿分出2 cm左右的发片。

步骤12 以3发区左侧发片为基准，发片提拉角度为0°，修剪出5发区导线。

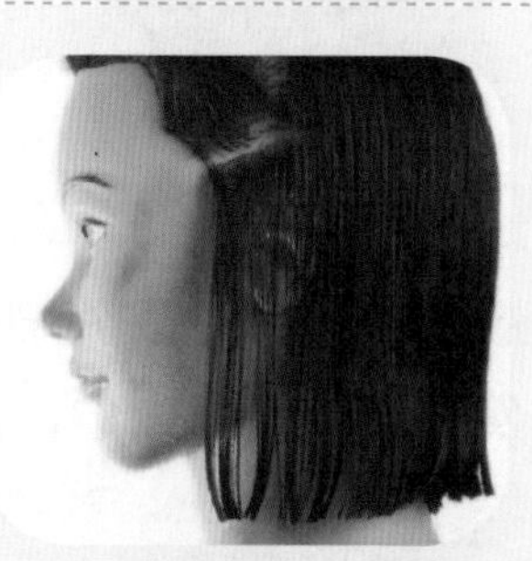

步骤13 以同样的方法逐片修剪5发区发片，完成5发区发片的修剪。

步骤 14　从 6 发区下沿分出 2 cm 左右的发片。

步骤 15　以 4 发区右侧发片为基准，发片提拉角度为 0°，修剪出 6 发区导线。

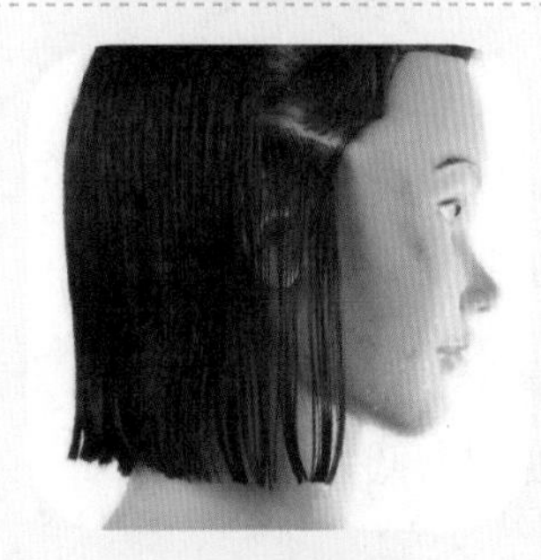

步骤 16　以同样的方法逐片修剪 6 发区发片，完成 6 发区发片的修剪。

步骤 17　从 7 发区下沿分出 2 cm 左右的发片，以下层为引导、提拉角度为 0°修剪。

步骤 18　以同样的方法逐片修剪 7 发区发片，完成 7 发区发片的修剪。

步骤 19　检查并调整，使两侧发片的长度和高低一致。

步骤 20　完成女式短发固体层次发型修剪，用掸刷将碎发掸净。

注意事项

1. 修剪时保持全头头发湿度一致。

2. 修剪时手指的指位是掌心向下。

3. 修剪时眼睛平视所剪发片。

4. 剪发时的站位要随着被修剪发片的位置移动。

女式短发均等层次发型的修剪

操作准备

1. 工具和用品准备：剪发围布 1 条、干毛巾 1 条、围颈纸 1 张、剪刀 1 把、梳子 1 把、发夹（鸭嘴夹）若干个、喷水壶 1 个、掸刷 1 把。

2. 顾客准备：为顾客披上干毛巾，围上围颈纸和剪发围布。

操作步骤

步骤 1　将头发分成 7 个发区。	
步骤 2　在 7 发区头顶纵向分出一片发片，提拉角度为 90°，剪切角度为 90°，修剪出纵向导线。	

步骤3 在7发区头顶横向分出一片发片，提拉角度为90°，剪切角度为90°，修剪出横向导线。

步骤4 按上述方法将7发区头发逐片修剪完成。

步骤5 在5发区纵向分出一片发片，以7发区横向发片为基准，提拉角度为90°，剪切角度为90°，剪出5发区纵向导线。

步骤6 以5发区纵向导线为基准，逐片修剪完5发区发片。

步骤7 在6发区纵向分出一片发片，以7发区横向发片为基准，提拉角度为90°，剪切角度为90°，剪出6发区纵向导线。

步骤 8 以 6 发区纵向导线为基准，逐片修剪完 6 发区发片。

步骤 9 在 3 发区纵向分出一片发片，提拉角度为 90°，剪切角度为 90°，剪出 3 发区纵向导线。

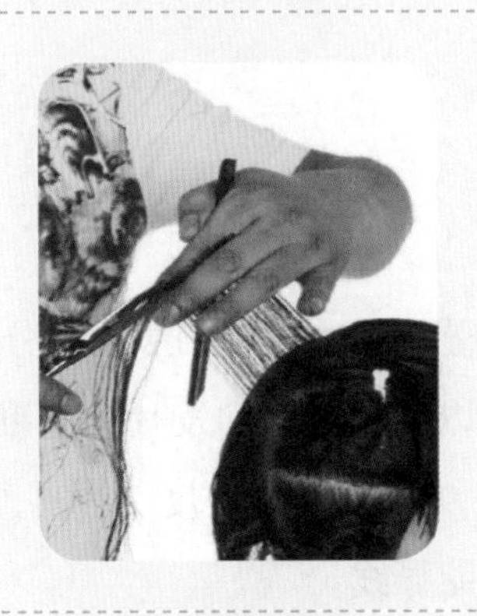

步骤 10 以 3 发区纵向导线为基准，逐片完成 3 发区发片的修剪。

步骤 11 在 4 发区纵向分出一片发片，以 3 发区纵向发片为基准，剪出 4 发区纵向导线。

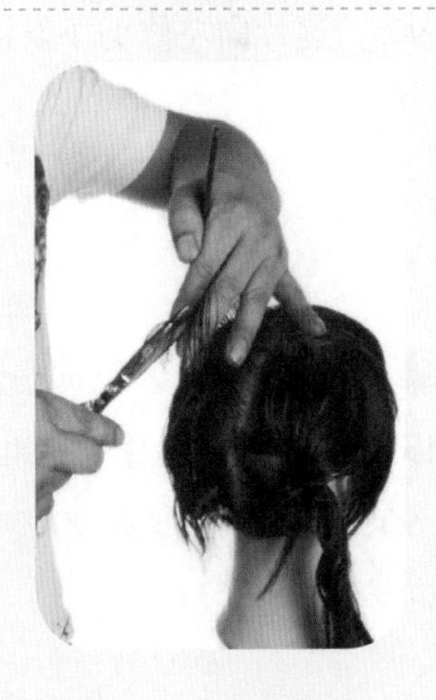

步骤 12 以 4 发区纵向导线为基准，逐片完成 4 发区发片的修剪。

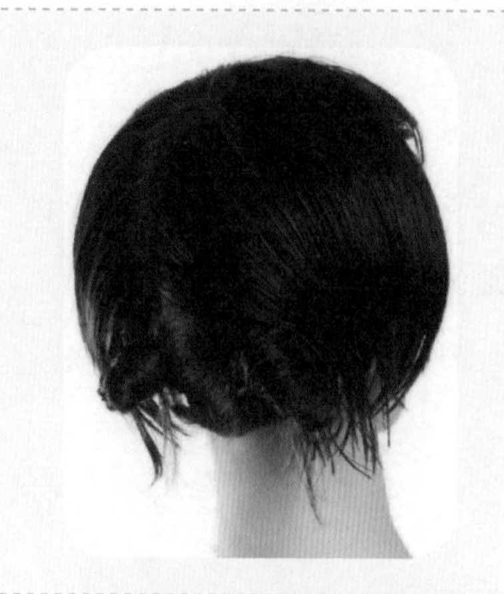

步骤 13 在 1 发区纵向分出一片发片，以 3 发区纵向发片为基准，提拉角度为 90°，剪切角度为 90°，剪出 1 发区纵向导线。

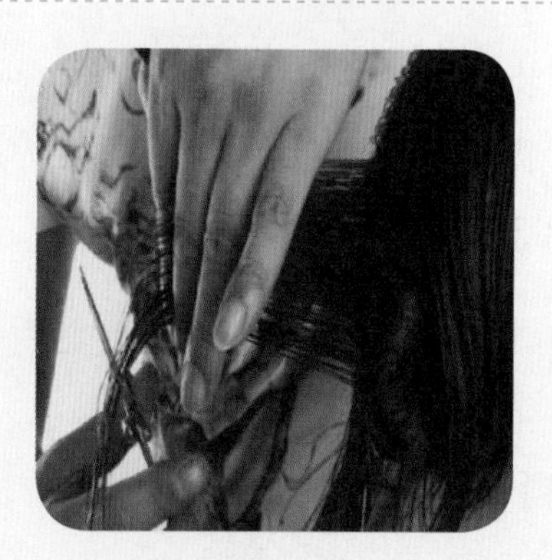

步骤 14 以 1 发区纵向导线为基准，垂直分份，提拉角度为 90°，剪切角度为 90°，逐片向左修剪 1 发区发片。

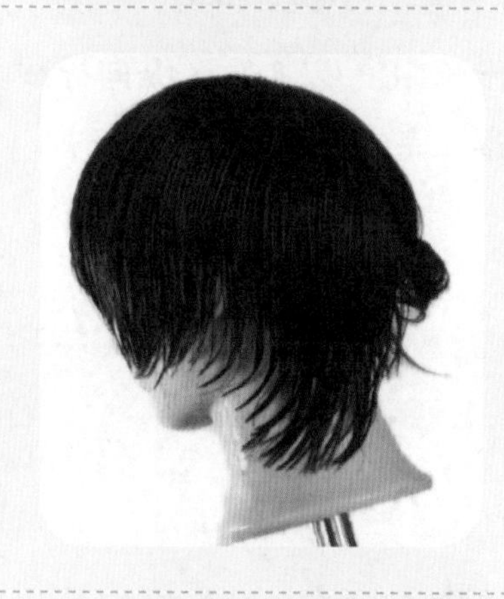

步骤 15 在 2 发区纵向分出一片发片，以 4 发区纵向发片为基准，提拉角度为 90°，剪切角度为 90°，剪出 2 发区纵向导线。

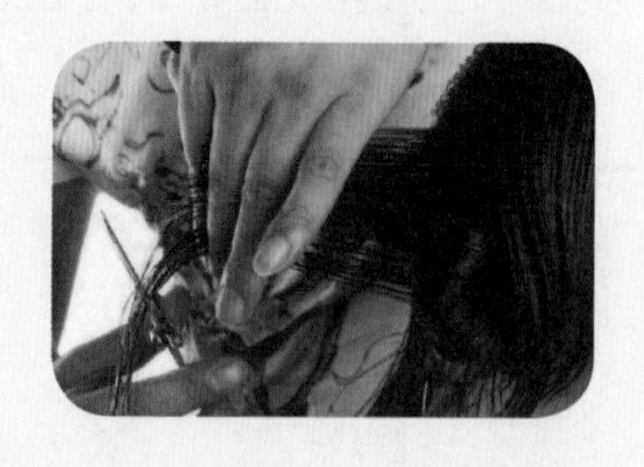

步骤 16　以 2 发区纵向导线为基准，垂直分份，提拉角度为 90°，剪切角度为 90°，逐片向右修剪 2 发区发片。

步骤 17　将各发区连接部分进行修饰调整。

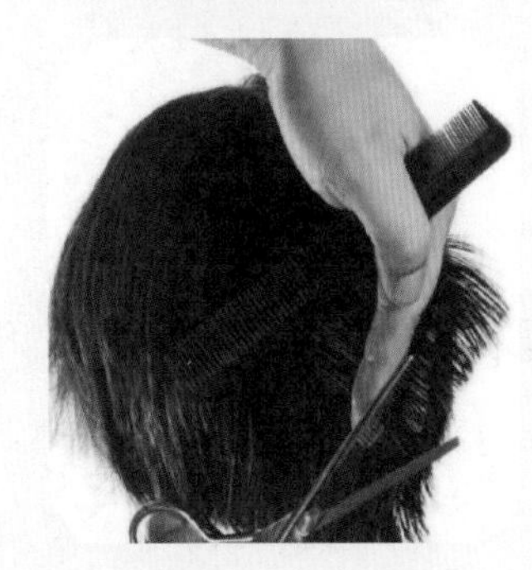

步骤 18　完成女式短发均等层次发型修剪，用掸刷将碎发掸净。

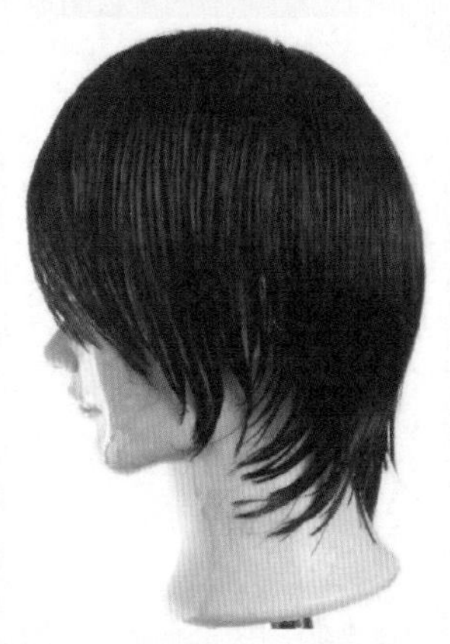

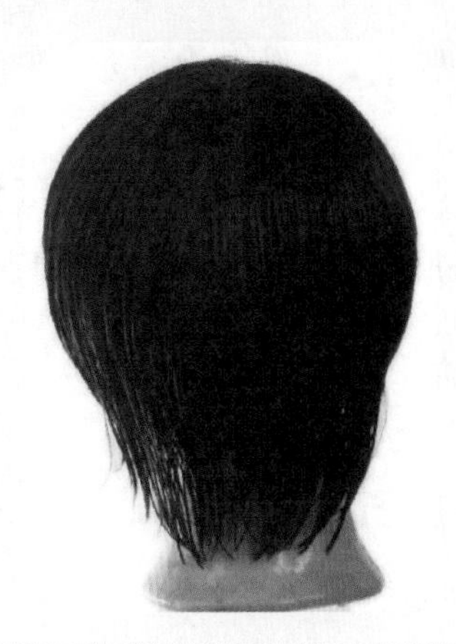

注意事项

1. 修剪时保持全头头发湿度一致。
2. 修剪时发片与发片之间要去角连接。
3. 检查切口时注意修剪后的发片应呈圆弧状。
4. 修剪时保持全头角度切口统一。

女式短发边沿层次发型的修剪

操作准备

1. 工具和用品准备：剪发围布 1 条、干毛巾 1 条、围颈纸 1 张、剪刀 1 把、牙剪 1 把、梳子 1 把、发夹（鸭嘴夹）若干个、喷水壶 1 个、掸刷 1 把。

2. 顾客准备：为顾客披上干毛巾，围上围颈纸和剪发围布。

操作步骤

步骤 1 将头发分成 7 个发区。

步骤 2 将 1、2 发区合并，平均分成上下两个发区。

步骤 3 在下层发区正中挑出一片垂直发片，宽度为 2 cm 左右。

步骤 4　发片与头皮提拉角度小于 90°，剪切角度小于 90°，剪切留发长度约 5 cm（约颈部长度的 1/2），剪出导线。

步骤 5　以导线的提拉角度、剪切点为基准，在导线的右侧分出一片垂直发片，将导线与该发片梳在一起，以导线为基准，修剪该发片。

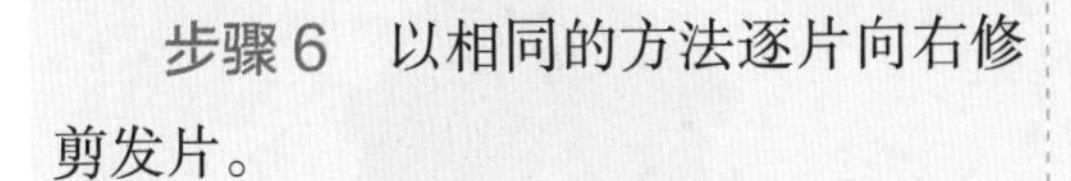

步骤 6　以相同的方法逐片向右修剪发片。

步骤 7　以相同的方法逐片向左修剪发片。

步骤 8　在 1、2 发区的上层发区正中挑出一片垂直发片，与下层发区的导线一起提拉。

步骤 9　以导线的提拉角度、剪切角度为基准，修剪上层发区导线。

步骤 10　以相同的方法逐片向左、向右修剪上层发区。

步骤 11　将 3、4 发区发片合并。

步骤 12　平均划分为上下两个发区。在下层发区中点分出一片垂直发片，提拉角度小于 90°，剪切角度小于 90°，以 1、2 发区上层发区头发长度为基准进行修剪。

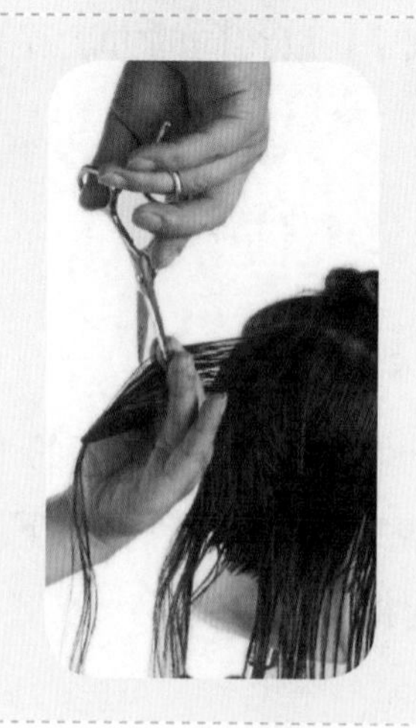

步骤 13 以该发片修剪后的相同长度、提拉角度、剪切角度将右侧发区的头发逐片修剪完成。

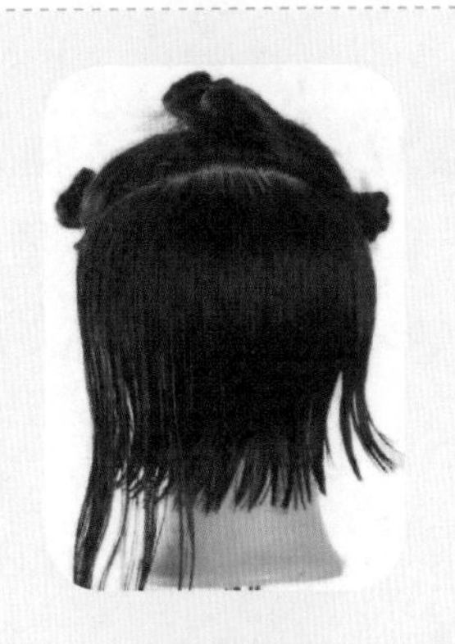

步骤 14 以该发片修剪后的相同长度、提拉角度、剪切角度将左侧发区的头发逐片修剪完成。

步骤 15 从 5 发区右侧分出一片垂直发片，以相邻修剪后 3 区头发的提拉角度、剪切角度为基准，修剪导线。

步骤 16 以 5 发区导线为基准，向前逐片完成修剪。

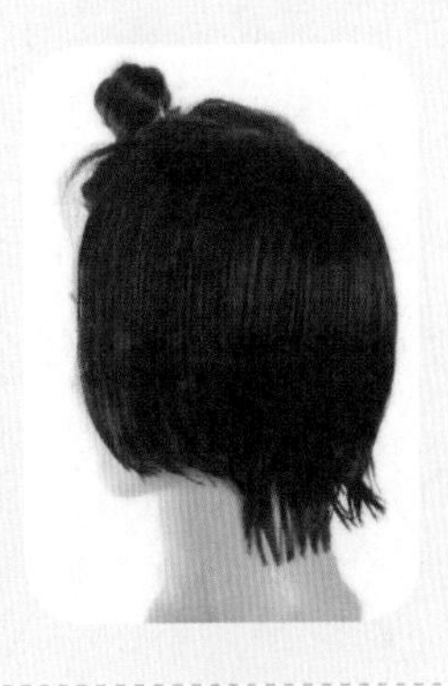

步骤 17　从 6 发区左侧分出一片垂直发片，以相邻修剪后 4 区头发的提拉角度、剪切角度为基准，修剪 6 发区的导线。

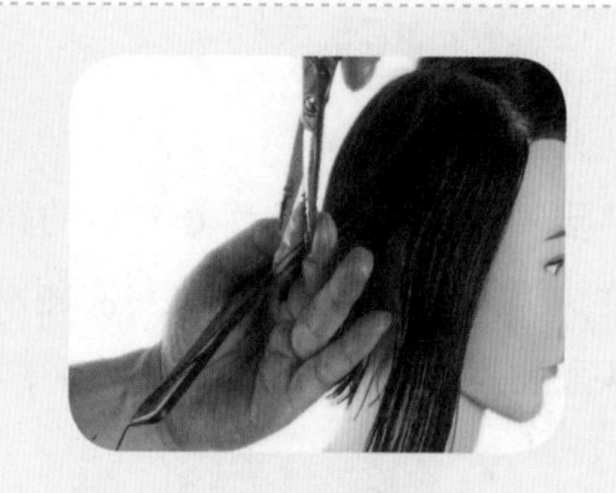

步骤 18　以 6 发区导线为基准，向前逐片完成修剪。

步骤 19　在 7 发区中分线处分出一片垂直发片，提拉角度为 90°，剪切角度为 90°，以下层头发为基准，修剪该发片，完成中分线导线设定。

步骤 20　在前额横向分出发片，提拉角度为 90°，剪切角度为 90°，以中分线头发为基准，逐片完成 7 发区发片的修剪。

步骤 21　将 7 发区与下层头发进行去角修剪，使上下层发片层次相衔接。

步骤 22　对各部位的发尾发量用牙剪进行调整处理。

步骤 23　完成女式短发边沿层次发型修剪，用掸刷将碎发掸净。

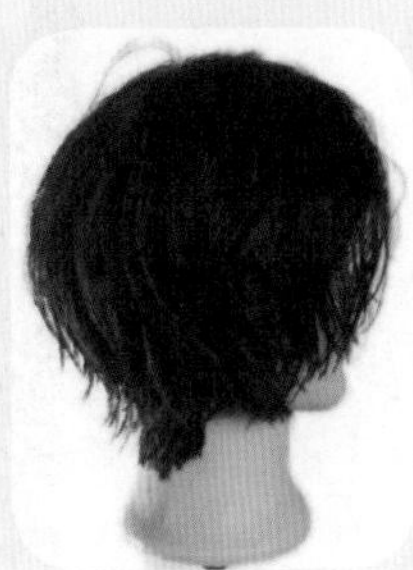

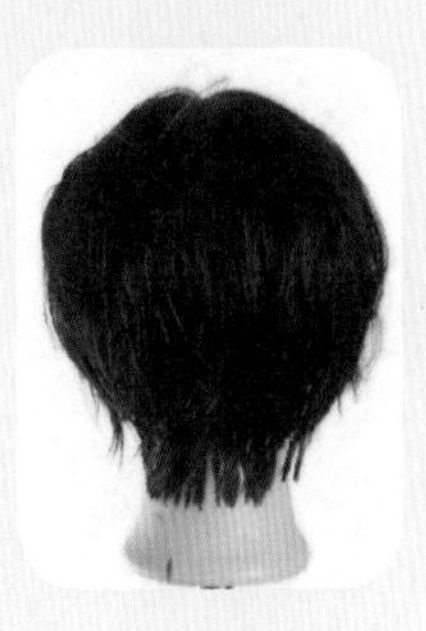

注意事项

1. 修剪时保持全头头发湿度一致。

2. 头发分区要准确，发片要薄，厚度要保持一致。

3. 制造同样层次时，发片提拉角度要一致，发片左右摆动的角度也应一致。

4. 剪发时的站位要随着被修剪发片的位置移动。

5. 剪切的变化要一致，如修剪内层次和渐增层次时，剪刀要向外倾斜，剪切的变化能造成层次的变化。

女式短发渐增层次发型的修剪

操作准备

1. 工具和用品准备：剪发围布 1 条、干毛巾 1 条、围颈纸 1 张、剪刀 1 把、牙剪 1 把、梳子 1 把、发夹（鸭嘴夹）若干个、喷水壶 1 个、掸刷 1 把。

2. 顾客准备：为顾客披上干毛巾，围上围颈纸和剪发围布。

操作步骤

步骤1 将头发分成7个发区。	
步骤2 将1、2发区合并，平均分成上下两个发区。	
步骤3 在下层发区正中挑出一片垂直发片，提拉角度大于90°，剪切角度大于90°，确定导线的留发长度后修剪出1、2发区下层发区的导线。	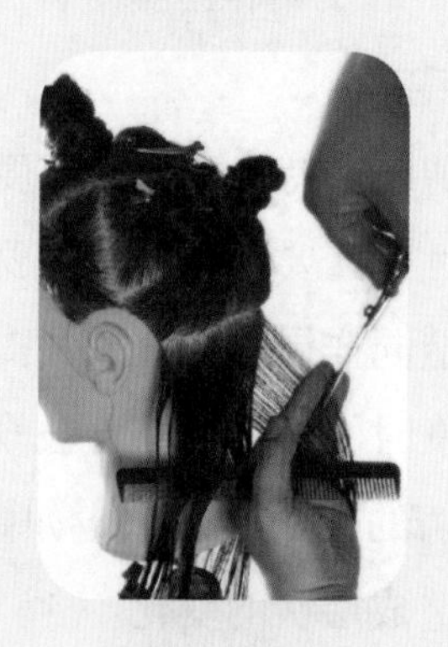
步骤4 以修剪好的导线为基准，提拉角度大于90°，剪切角度大于90°，逐片向右完成修剪。	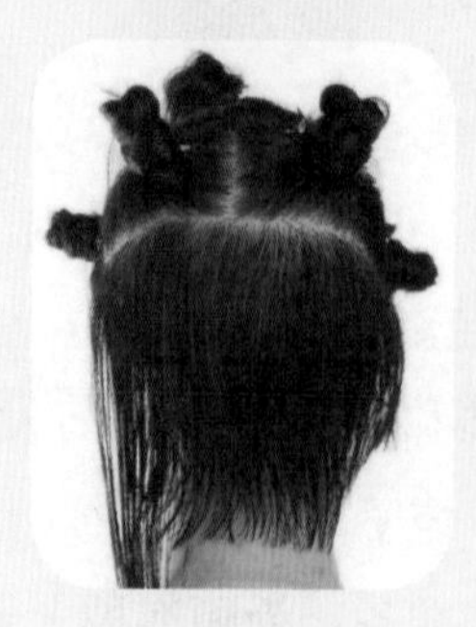

步骤 5　以修剪好的导线为基准，提拉角度大于 90°，剪切角度大于 90°，逐片向左完成修剪。

步骤 6　以修剪 1、2 发区下层发区的方法，修剪 1、2 发区上层发区的头发。

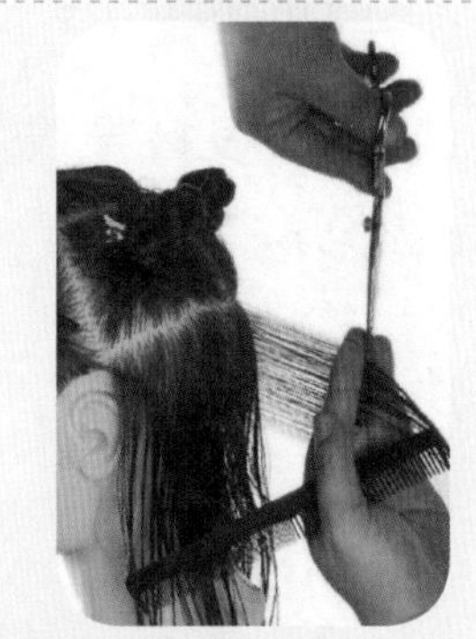

步骤 7　将 3、4 发区平均分为上下两个发区，在下层发区中间分出一片垂直发片，以 1、2 发区上层发片为基准，提拉角度大于 90°，剪切角度大于 90°，剪出导线。

步骤 8　以 3、4 发区下层发区的导线为基准，逐片向右完成修剪，再向左完成修剪。

步骤 9　以修剪 3、4 发区下层发区的方法，修剪 3、4 发区上层发区的头发。

步骤 10　从 5 发区右侧分出一片垂直发片，以相邻修剪后 3 发区头发的提拉角度、剪切角度为基准，修剪导线。	
步骤 11　以 5 发区导线为基准，向前逐片完成修剪。	
步骤 12　从 6 发区左侧分出一片垂直发片，以相邻修剪后 4 发区头发的提拉角度、剪切角度为基准，修剪 6 发区的导线。	
步骤 13　以 6 发区导线为基准，向前逐片完成修剪。	
步骤 14　在 7 发区中分线处分出一片垂直发片，提拉角度为 90°，剪切角度为 90°，以下层头发为基准，修剪该发片，完成中分线导线设定。	

步骤15　在前额横向分出发片，提拉角度为90°，剪切角度为90°，以中分线头发为基准，逐片完成7发区发片的修剪。

步骤16　将7发区与下层头发进行去角修剪，使上下层发片层次相衔接。

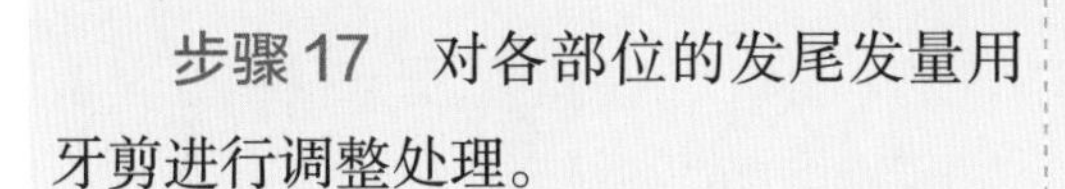

步骤17　对各部位的发尾发量用牙剪进行调整处理。

步骤18　完成女式短发渐增层次发型修剪，用掸刷将碎发掸净。

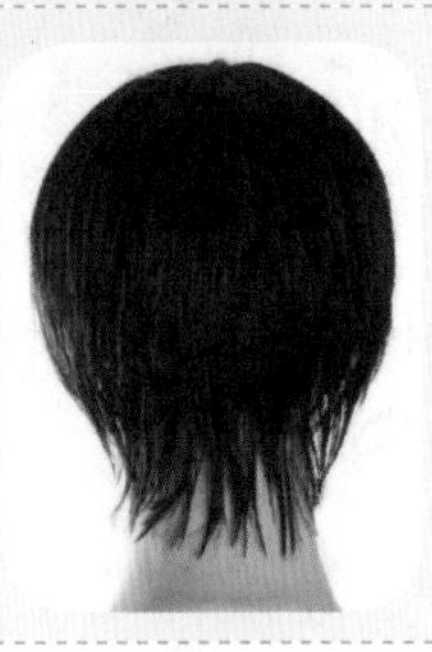

注意事项

1. 修剪时保持全头头发湿度一致。

2. 头发分区要准确，发片要薄，厚度要保持一致。

3. 制造同样层次时，发片提拉角度要一致，发片左右摆动的角度也应一致。

4. 剪发时的站位要随着被修剪发片的位置移动。

5. 剪切的变化要一致，如修剪内层次和渐增层次时，剪刀要向外倾斜，剪切的变化能造成层次的变化。

培训项目 2 烫发

培训单元 1 卷 杠 操 作

培训重点

了解卷发杠和烫发衬纸的使用方法。

能够根据发型设计要求选择合适的卷发杠。

能够按照标准卷杠方法进行卷杠。

知识要求

卷杠就是将头发平伏地卷绕在卷发杠上。在烫发剂的作用下，头发会按卷发杠的形状形成发花。

一、卷发杠

卷发杠大致可分为圆形卷发杠、三角形卷发杠、螺旋形卷发杠、喇叭形卷发杠、万能烫卷发杠、浪板烫夹板等，如图 4–19 所示。

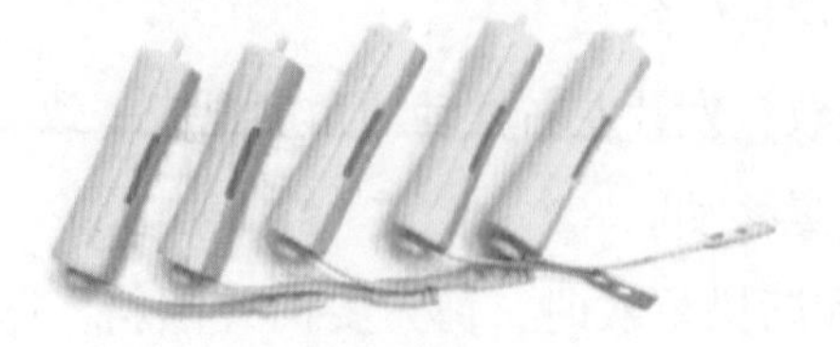

圆形卷发杠

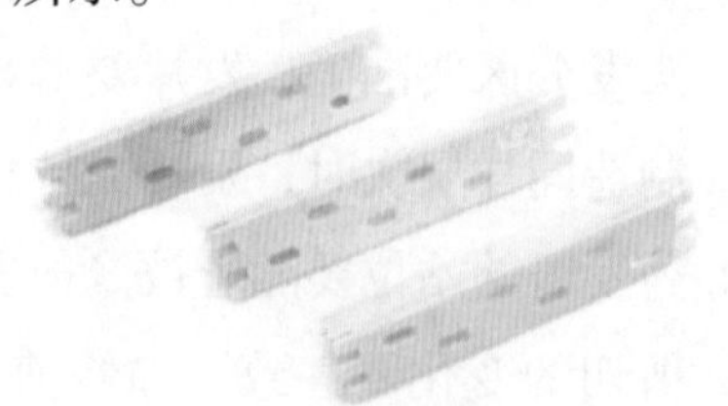

三角形卷发杠

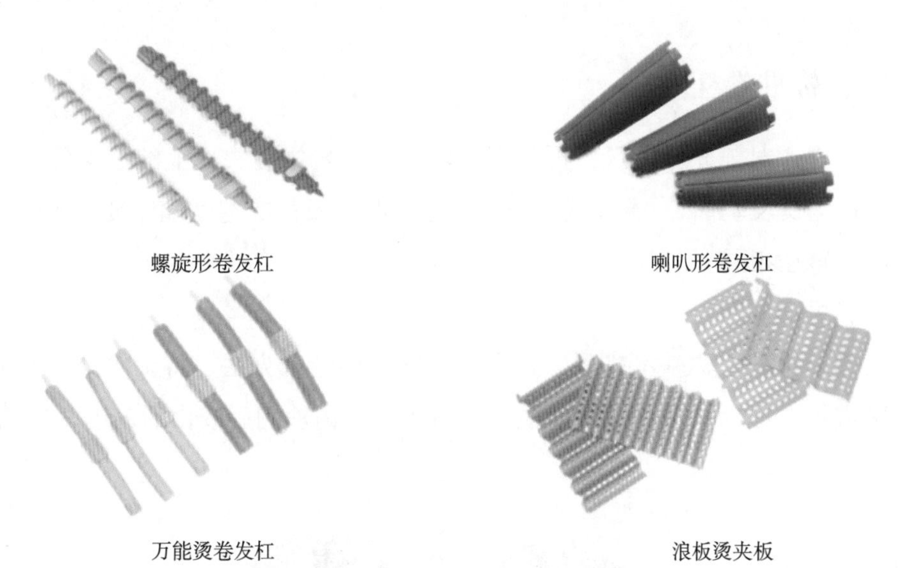

图 4-19　卷发杠的种类

二、烫发衬纸

卷杠时需要用烫发衬纸，其使用方法有单层裹纸法、双层裹纸法等，见表 4-10。

表 4-10　烫发衬纸使用方法

使用方法	图示
单层裹纸法	
双层裹纸法	

三、标准卷杠方法

卷杠操作时，先分发区，再分发片。发片的发根在头皮上的平面称为卷杠基面（也称为烫发基面）。卷杠基面采用等基面时，发片的宽度和厚度与所用卷发杠的长度和直径相同。

1. 长方形排列

长方形排列又称基本排列，是目前最常用的卷杠方法，将头发分成6个长方形发区进行卷杠，头顶卷发方向根据发型决定是由前向后或由后向前，如图4–20所示。

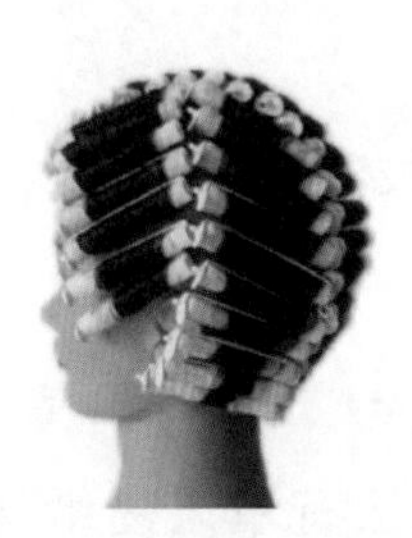
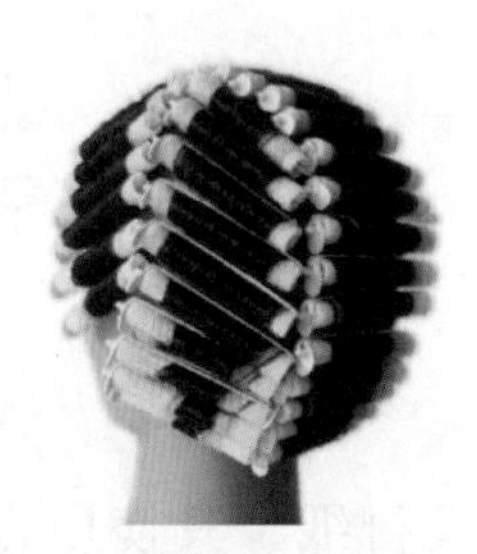

图4–20　长方形排列

2. 扇形排列

扇形排列是一种灵活的卷杠方法，中间头发从额前经头顶到后发际线向下排，两侧头发各形成一个扇形面向下排列，如图4–21所示。

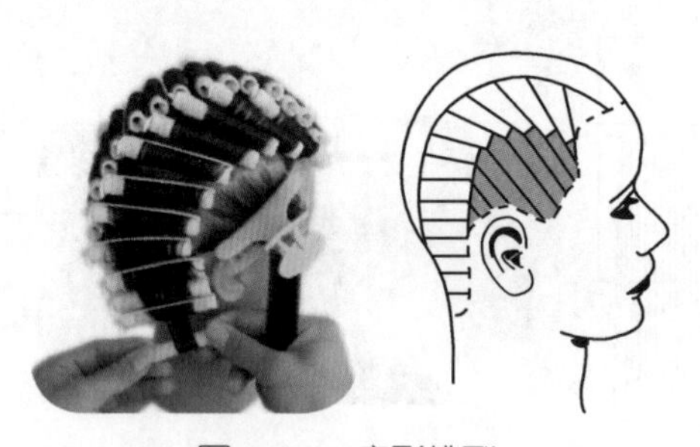

图4–21　扇形排列

四、卷杠的质量标准

1. 卷杠排列要整齐。

2. 提拉角度要正确，即卷杠时发片要垂直于头皮（向上提拉90°卷杠）。

3. 固定卷发杠时，橡皮筋松紧要适宜。橡皮筋不能太紧，不要压到发根部位，以免产生压痕；橡皮筋也不能太松，以免产生发圈放大现象，影响烫发质量。

4. 发片要光洁、受力要均匀、发区线要清晰、发梢要平整卷入卷发杠。

5. 分区要合理，卷杠方法要符合发型制作要求。

五、卷杠的注意事项

1. 选用渗透性好的烫发衬纸有利于烫发剂均匀渗入发丝，使发花成圈且有弹性。

2. 发片分份要均匀，不要出现发丝遗漏现象。

3. 发片提拉角度要正确，发尾要平顺自然地卷入卷发杠。

4. 发梢包纸要平整，避免烫发衬纸露出来影响发梢平整。

技能要求

长方形排列卷杠

操作准备

圆形卷发杠 1 套、尖尾梳 1 把、烫发衬纸 2 包、发夹 6 个。

操作步骤

步骤 1 将头发分成 6 个发区。

（1）以卷发杠的长度为基准，从前额发际线正中至两个耳朵的连线（经头部顶点）分出第一个发区。

（2）从第一个发区向下至后颈部中间分出第二个发区。

（3）左右两侧分出另外 4 个发区。

步骤 2　第一个发区卷杠。从前额开始，采用等基面分出发片、提拉角度为 90° 进行卷杠。

步骤 3　第二个发区卷杠。将卷发杠向下卷动，保持用力均匀，靠后颈部头发宽度将变窄，因此要注意卷发杠的摆放位置。

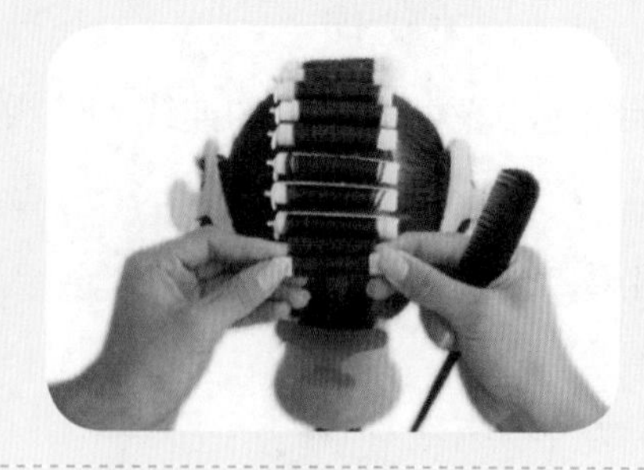

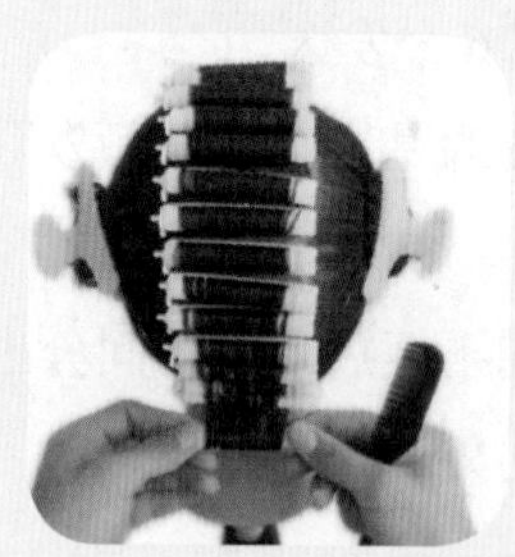

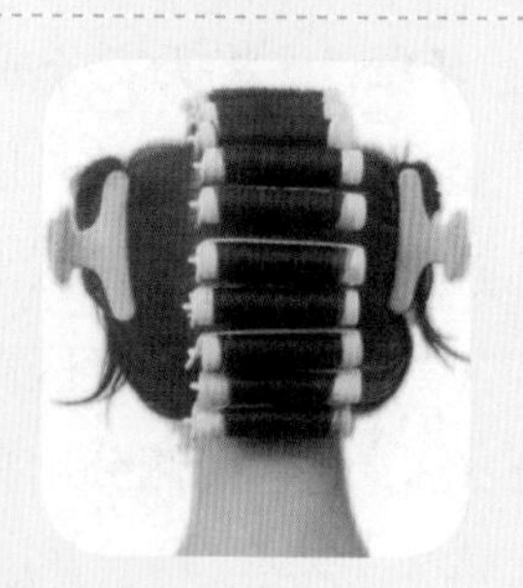

步骤 4　第三个发区卷杠。注意要与卷好的卷发杠对齐。

步骤 5　第四个发区卷杠。根据发区选定烫发基面后进行卷杠。

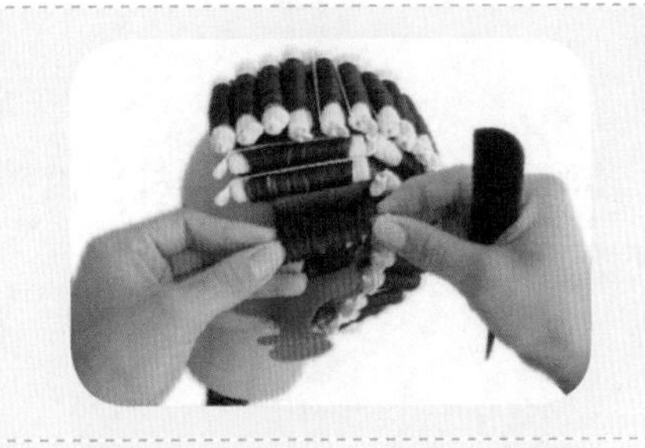

步骤 6　第五、第六个发区卷杠。卷杠方法与第三、第四 个发区相同。

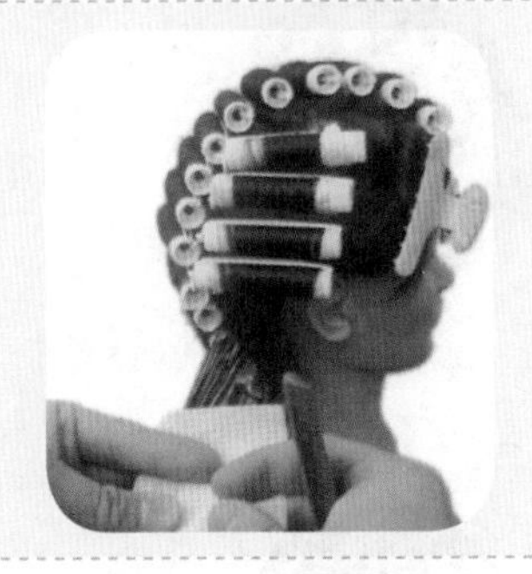

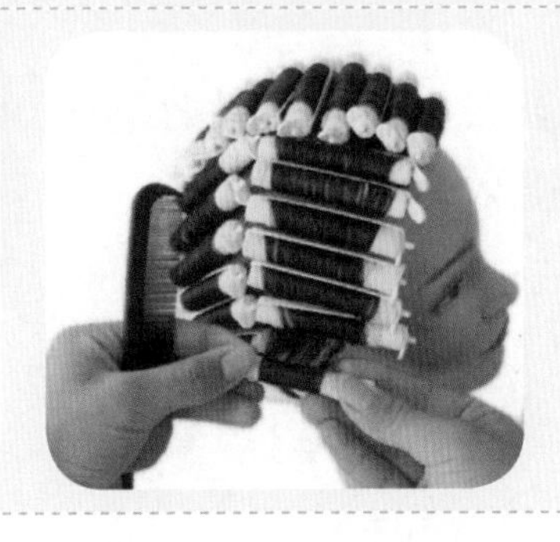

扇形排列卷杠

操作准备

圆形卷发杠 1 套、尖尾梳 1 把、烫发衬纸 2 包、发夹 6 个。

操作步骤

步骤 1　将头发分成 6 个发区。

（1）以卷发杠的长度为基准，从前额发际线正中至两个耳朵的连线（经头部顶点）分出第一个发区。

（2）从第一个发区向下至后颈部中间分出第二个发区。

（3）左右两侧分出另外四个发区。

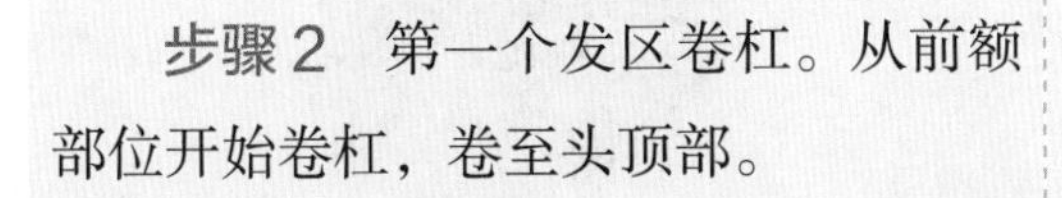

步骤 2　第一个发区卷杠。从前额部位开始卷杠，卷至头顶部。

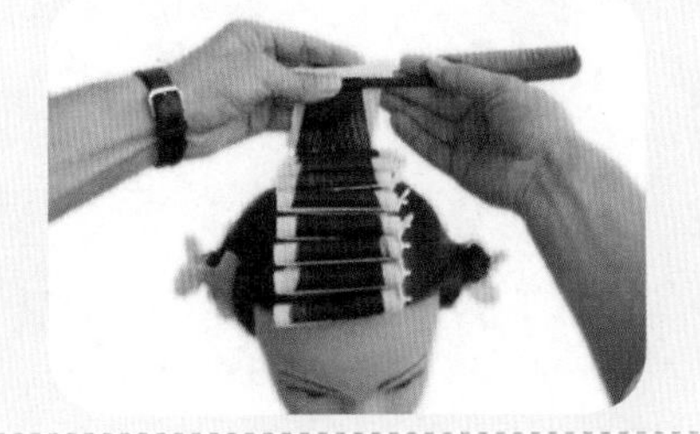

步骤 3　第二个发区卷杠。由头顶部开始卷至后颈部。

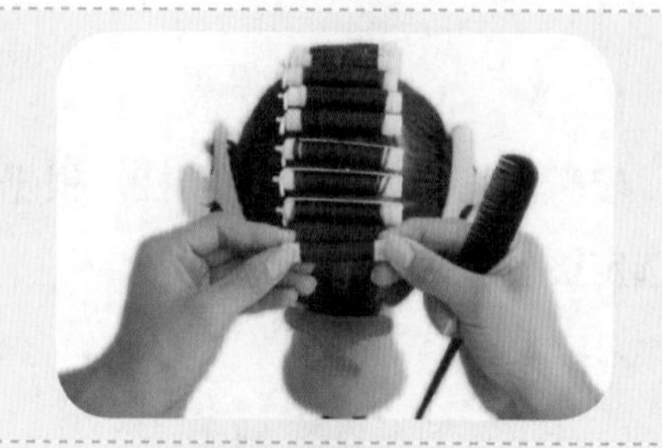

步骤 4　第三个发区卷杠。以发际线开始依次倾斜卷杠。

步骤 5　第四个发区卷杠。斜角分配发片卷杠。

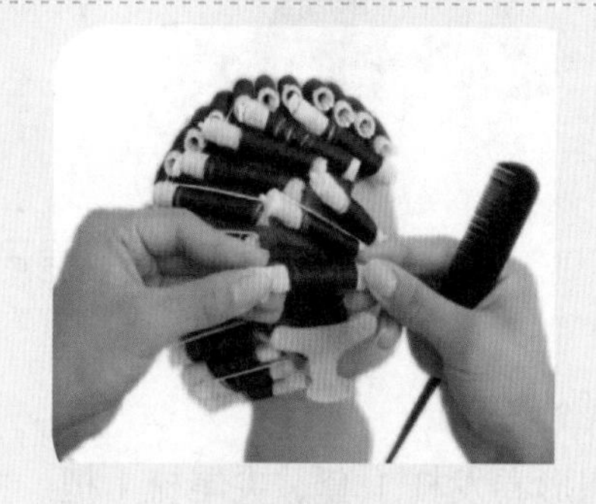

步骤 6　第五、第六个发区卷杠。卷杠方法与第三、第四个发区相同。

培训单元 2　基本烫发操作

了解烫发的操作程序和质量标准。

能够根据烫发要求进行卷发杠和烫发剂的选择。

一、烫发的质量标准

1. 选杠准确、分区合理、发卷排列整齐。
2. 发花不焦、不毛，头发不损伤。
3. 发根站立起波，有弹性。
4. 发丝卷曲光泽，有波纹。
5. 发尾成圈自然，有光泽。
6. 头发轮廓自然圆润。

二、不同发型的卷发杠选择

1. 头发的卷曲程度

头发的卷曲程度由卷发杠的直径决定，直径越小卷曲度越强。

2. 头发的质感

头发的质感由卷发杠的形状决定，分为直线质感、曲线质感、角度质感等。

三、烫发剂的选择

烫发时间很难掌握，若烫发剂软化能力弱、停放时间短，就不能烫卷头发或发花不能持久；若烫发剂软化能力强、停发时间长，则会损伤头发。

干性发质的头发缺少水分和光泽，经不住高温，烫发剂的软化能力强就会损伤头发，使头发变得更干，甚至发焦。

中性发质的头发是比较健康的，烫发较好处理。

四、烫发卷曲度不够的原因

1. 从头发上分析

（1）头发表皮层的毛鳞片未完全打开，烫发剂不易渗透，如以前未烫过的头发、白发等不易烫卷。

（2）头发没有洗干净，头发表面的附着物影响烫发剂的作用，如头发表面有金属成分的细粉附着而造成烫发剂不能渗透，或烫发前曾用金属染发剂染发而造成烫发剂不能渗透，或烫发前使用含有较多钙质的硬水洗发造成烫发剂不能渗透，或烫发前使用护发素造成烫发剂不能渗透。

2. 从操作技术上分析。

（1）烫发剂未能充分地发生作用。

（2）中和剂未能充分地发生作用。

（3）卷杠操作方法不正确。

（4）操作温度太低。

（5）烫发剂停留时间过长，表现为头发湿时有卷曲，头发干时是直的，没有弹性，并且头发损伤十分严重。

（6）头发的弹性范围大约是 25%，烫发剂在头发上作用时间越长，烫发剂分解内部结构的幅度越大，超时的烫发剂作用会使头发的分解幅度超过其弹性范围，中和剂的氧化作用就没有办法使头发还原。

烫发操作

操作准备

1. 工具和用品准备：烫发围布 1 条、干毛巾 2 条、围盆 1 个、尖尾梳 1 把、圆形卷发杠 1 套、烫发衬纸 2 包、烫发剂和中和剂 1 套。

2. 顾客准备：烫发前必须把头发洗干净，洗发时不能用指甲抓头皮，洗发冲水后不能使用护发素；烫发前根据发型设计要求将头发修剪成型（烫发后还应修剪发型，剪去多余的头发）；烫发前要围上干毛巾、烫发围布。

操作步骤

步骤 1　长方形排列卷杠。

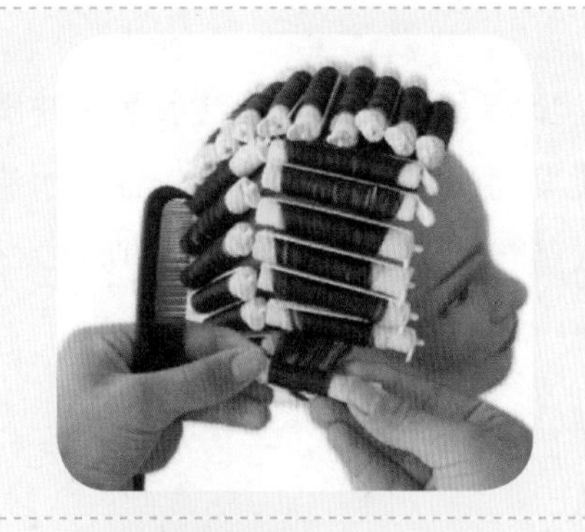

步骤 2　涂放烫发剂。涂放烫发剂前要围上围盆。烫发剂要均匀地涂放在发卷上（头发短于 15 cm 卷杠完成后涂放 2 遍；头发长于 15 cm 卷杠前涂放 1 遍，卷杠完成后再涂放 1 遍）。只有整个发卷都浸透了烫发剂，才能保证烫发效果。

步骤 3　确定烫发剂停放时间并计时停放。烫发剂的反应时间一般为 20 ~ 30 min，应根据发质、环境温度及烫发剂性能来确定停放时间。

步骤 4　试卷。打开橡皮筋，放掉两圈，检查卷曲效果。如果卷曲度与卷发杠直径和形状相符，说明达到卷曲效果。

步骤 5　冲洗。用温水彻底冲洗干净烫发剂，冲水时间约为 5 min，水流不宜太猛。冲洗完成后用干毛巾吸去水分。

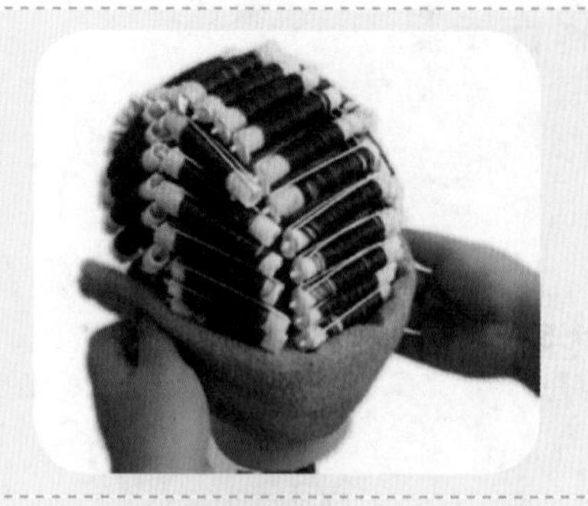

步骤 6　涂放中和剂。涂放中和剂时，先从后颈部开始，再向上涂放至所有卷杠上。中和剂需要停放 10 min 左右。

步骤 7　拆杠冲洗。先拆下所有卷发杠（注意不要过分用力）放入围盆中并取下围盆，再将头发上的中和剂冲洗干净，最后用洗发水洗发和护发素护发即完成烫发操作。

培训单元 3　离子烫操作

培训重点

了解离子烫的种类、质量标准和注意事项。

能够进行离子烫操作。

一、离子烫的种类

离子烫包括水离子烫、负离子烫、游离子烫等。离子烫烫发剂按其酸碱度可分为弱酸性烫发剂和碱性烫发剂两类。

二、离子烫的质量标准

1. 发丝不焦、不毛，头发不损伤。

2. 发尾不毛，发根有弹性。

3. 自然成型，发丝有光泽且平直。

三、离子烫的注意事项

1. 离子烫时，软化判断失误将影响造型，为避免这种现象，离子烫软化过程必须严格按操作规程进行。

2. 涂放中和剂时，一定要将头发梳直，并且中和剂一定要充分涂放。

3. 孕妇、头皮受伤者禁用离子烫。

4. 涂放离子烫烫发剂必须离发根约 1 cm。

5. 离子烫后三天内不束发、洗发，七天内不烫染。

离 子 烫

操作准备

1. 工具和用品准备：烫发围布 1 条、干毛巾 1 条、尖尾梳 1 把、塑料帽 1 个、焗油机 1 台、电夹板 1 把、离子烫烫发用品 1 套（包括烫发剂、中和剂、护理剂三剂）。

2. 顾客准备：离子烫前必须把头发洗干净，洗发时不能用指甲抓头皮，洗发冲水后不能使用护发素；离子烫前根据发型设计要求修剪出整体发型轮廓，发量不宜打薄；离子烫前用热风将头发吹至八成干；离子烫前要围上干毛巾、烫发围布。

操作步骤

步骤1　涂放离子烫烫发剂。距发根约1 cm由下往上用尖尾梳分区后涂放离子烫烫发剂，直到完全涂放好。

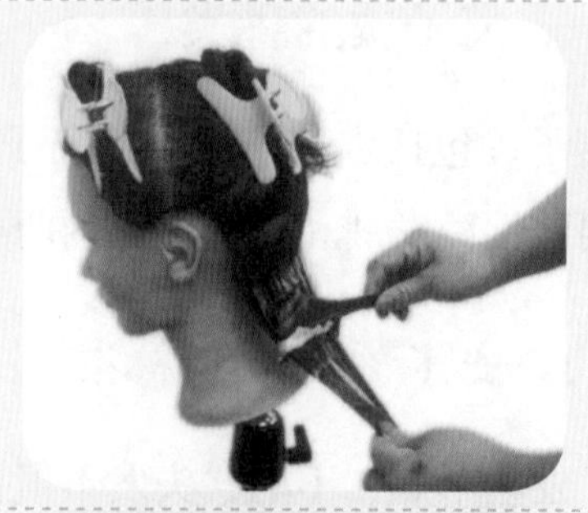

步骤2　加热软化。用塑料帽包好头发，在焗油机下进行加热软化。加热软化时间根据头发的性质和烫发剂的性能决定。

步骤3　检查并冲洗干净。在后枕部挑出两三根头发进行检查，若头发能拉伸延长，则说明软化完成，需将头发冲洗干净。

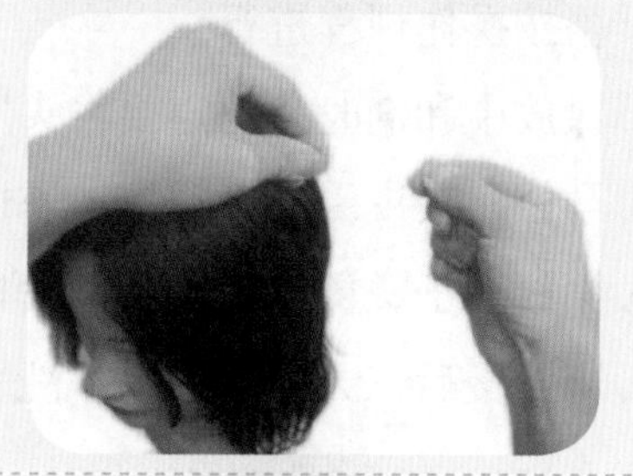

步骤4　拉直。用电夹板将头发分片拉直。夹板的温度视发质情况而定。

步骤5　涂放中和刘。将中和剂均匀地涂放在发丝上，并将头发彻底梳直。定型时间根据发质和用品性质决定。

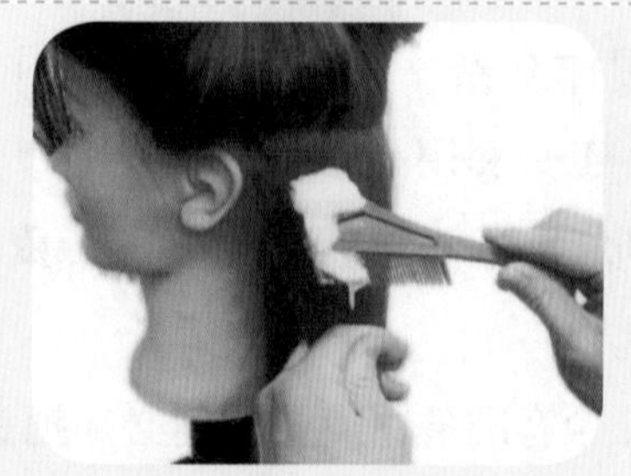

步骤 6　冲洗。用温水将头发冲洗干净，注意不要搓揉头发。	
步骤 7　涂放护理剂。把护理剂均匀涂放在头发上，等候 20 min。	
步骤 8　冲洗干净，吹干即完成离子烫操作。	

培训项目 3 吹风造型

培训单元 1　吹风的基本方法和技巧

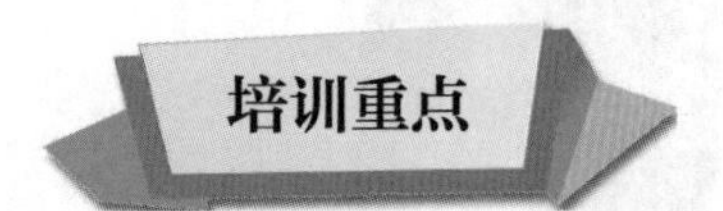

了解吹风的作用、相关专业术语和质量标准。

熟悉吹风的基本方法和操作技巧。

一、吹风的作用

吹风是美发服务的最后一道操作工序，能否形成美观大方的发式（发型），主要决定于这一道工序。因此也可以说吹风是一种具有艺术性的操作。吹风的作用主要有以下几点。

1. 顾客洗发后，头发潮湿会感到不舒服，吹风能使头发很快干燥。

2. 吹风配合梳理不但能够使比较杂乱的头发变得平伏、整齐，而且可以按照要求吹出各种不同的式样。

3. 吹风有固定发式（发型）的作用，经过吹风后，梳好的发式（发型）只要保护得当，一般能保持 3 ~ 5 天。

4. 吹风能调节修剪技术的某些缺陷。

二、吹风的相关专用术语

1. 轮廓线

轮廓线又叫“外部线条”，指构图中个体、群体或景物的外边缘界线，是一个对象与另一个对象之间、对象与背景之间的分界线。每个物体的外形轮廓都不同，即使是同一个物体，从不同角度看也有不同的轮廓形状。在吹风造型中，轮廓线分为发型外轮廓线和发型内轮廓线两类。

（1）发型外轮廓线。发型外轮廓线是指发型的外边缘界线，发型外轮廓线可分为正面发型外轮廓线和侧面发型外轮廓线两类。发型外轮廓线与脸型的结合、变化可以衬托脸型或弥补脸型的不足。

（2）发型内轮廓线。发型内轮廓线是指发型前额、鬓角部位发丝与脸部皮肤相连接的边缘线。发型内轮廓线与脸型的结合、变化也可以衬托脸型或弥补脸型的不足。

2. 大边、小边

男式吹风造型中，有大边、小边之称。在男式纹理流向不对称的发式中，前顶部、额前发丝流向为主流方向的一侧称为大边，而前顶部、额前发丝流向为非主流方向的一侧则称为小边。

3. 四周轮廓

在男式吹风造型中，四周轮廓是指从左额角、左鬓角经后枕部至右鬓角、右额角一圈，这一圈是男式吹风造型中的骨架。四周轮廓的饱满、圆润对男式发式起着至关重要的作用。

三、吹风的基本方法

吹风与梳理是结合起来同时进行的，因此吹风操作时离不开梳刷的配合。吹风操作时，一手拿梳刷，一手拿吹风机，并根据操作要求，左右手轮换使用。吹风操作的基本方法见表 4–11。

表 4–11　吹风操作的基本方法

方法	说明	图示
压	梳子压：将梳齿插入头发内，用梳背把发根压住，吹的时候梳子不移动，吹风口对着梳背来回移动，使热风经过梳背透入头发，头发因受热风和梳子的压力而变得平伏。吹风时，吹风口移动要快，梳背不能压得过久。梳子压一般用于头路两旁和周围轮廓发梢处	

续表

方法	说明	图示
压	手掌压：直接用掌心（或衬毛巾）压在头发的边缘，吹风口对着头皮与手掌之间的夹缝，并将三分之二的风吹在手掌上，吹一下，手掌压一下，把吹向手掌的热风压回到头发上去，压的时候手掌略微向上提一点，使发梢向内微弯，呈弧形。压时用力不能过重，否则发梢会压翻。这种压法主要用于修正四周轮廓时，使边缘发梢不翘起来	
别	为了把头发吹成微微弯曲的形状，要用梳刷斜插在头发内，梳刷齿向下沿头皮运转，使发杆向内倾斜，这种方法叫作“别”。操作时用腕力将梳刷带动，使头发发杆微微弯曲，梳刷不动，吹风机对着梳刷齿来回斜吹，使发梢贴向头皮，显出弹性。一般用于头路的小边部分和顶部轮廓线周围的发梢部分。吹发旋附近的头发，也要用“别”的方法进行。此外，对不擦油或发质粗硬的头发，大部分也都采用此法进行	
挑	用梳刷挑起一股头发向上提，使头发带一些弧度，吹风机对着梳刷齿送风，吹成微微隆起的式样，称为“挑”。操作时，先将梳刷齿自下而上插入头发，使梳刷齿向外，之后梳刷再向内（即对着美发师的前胸）90° 转动。这时梳刷齿即斜向美发师，头发上段被梳刷弯曲成半圆形。吹风机对着梳刷齿送风，一半吹在梳面上，一半吹在梳刷下面的头发上，梳刷不动，吹风口来回摆动四五次。挑的作用是使头发微微隆起，使发根站立、发杆弯曲，头发成为富有弹性的半圆形，主要用于顶部及四周轮廓造型	
拉	拉又称为“拖”，特点是吹风机与梳子同时移动。操作时用梳刷齿梳起一束头发斜着向后拉，吹风机对准梳刷背部送风，并随着梳刷向后移动，使头发轻松地平贴在头部。一般用于吹轮廓线及后枕部接近顶部的头发	

续表

方法	说明	图示
推	先把梳刷齿自前向后斜插入顶部头发内，然后将梳刷背 180° 转动，翻至近发梢端，压住头发，梳刷齿向前平行或斜着推动。推的动作要轻，使梳刷齿的前端头发略微隆起，用吹风机对着梳齿来回吹二三次。推的作用是使部分头发往下凹陷，形成一道道波纹，该方法是做波浪纹理的吹法	

以上几种方法都是吹风机在用梳刷或手配合下进行操作的一些基本方法。“压”与“别”一般仅适用于两侧及后枕部轮廓线附近，“挑”“拉”“推”则多数用于顶部。有时因为发式需要，还可以将两种方法结合起来同时使用。例如，长发既要求轮廓线周围发梢紧贴头皮，又要求发杆部分略带弧形，显出弹性，这就可以“推”“别”结合起来进行；又如吹小边波浪纹路时，可以将“推”“压”结合起来。

四、吹风机的操作技巧

吹风机除了要与梳刷密切配合以外，持法和运用也有一定的技巧。

1. 吹风机与头皮的角度

要正确掌握吹风机的送风角度。一般热风不能对着头皮直接吹送，如果吹风机的吹风口与头皮成 90°则很容易把头发烧焦，并会弄伤顾客的头皮。正确的送风方法应该是：将吹风机斜侧着，吹风口与头皮平行或成 45°，使热风大部分都吹在头发上。在两侧及鬓角附近，因为头发较短，若无法避免热风与头皮直接接触，可将手掌伸开贴近头皮，形成一道夹缝，热风从夹缝中穿过，借掌心力量压送到头发上，做间接吹送。一般只要手掌能够承受，就不至于烫痛顾客的头皮。

2. 吹风机与头皮的距离

头发能够紧贴、卷曲、舒展成型，主要是吹风机送出热量的作用。吹风机与头皮距离太远，热量散发，就不能使头发成型；距离太近，热量又过于集中，即使角度掌握正确，头皮也难以忍受，有时还可能把头发吹得瘪进去而留下痕迹。因此，距离必须掌握恰当，一般在 3 ~ 4 cm。

3. 吹风机操作的时间

吹风时间和送风距离一样，长了容易把头发吹坏，短了又不能奏效。由于头发性质不同，洗过后温度不一样，加之头发涂抹护发用品后对耐热性也有影响，因此吹风时间没有统一标准，要因人、因发而异，并以能做出顾客所指定的发式为准。但是在任何情况下都要注意不能把吹风方向固定，而要经常移动。吹风机除随着梳子移动外，还要不停地左右摆动。一般情况下，每吹一个地方，吹风机左右摆动四五次就能达到良好的效果。

培训单元 2　男式基本发式吹风造型

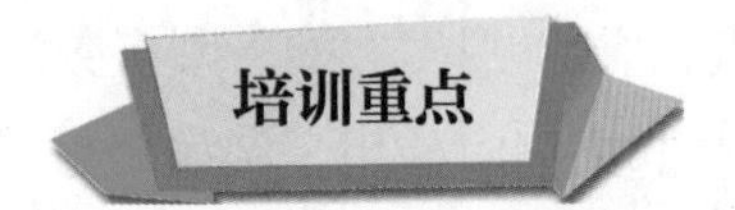

了解男式发式吹风造型的准备工作、操作方法和质量标准。

能够进行男式基本发式吹风造型。

一、男式发式吹风造型的准备工作

长发类各种发式进行吹风造型以前，需要先做一些准备工作。有些准备工作是必须进行的，有些要征求顾客意见后再决定是否进行。一般准备工作包括以下几项。

1. 吸干头发上的水分

用干毛巾包住头发，两手隔着毛巾轻压，吸干头发上多余的水分，这样可以缩短吹风时间，节约用电。

2. 抹饰发品

先将适量的饰发品放在手上均匀地揉开，再涂抹到头发上，可以滋润头发，这样经过吹风，容易使头发蓬松、柔顺，且发式比较牢固。

3. 分头路

头路，也称为头缝，可以增加发式的变化。若头路的位置不恰当则会影响发式的效果。操作前应先确定头路的位置，通常是将两额角从左至右分成十等份，头路位置一般为对分、四六分、三七分、二八分等。各式头路位置如图 4–22 所示。

（1）对分。头路在面部正中，对准鼻梁。

（2）四六分。头路对准左眼或右眼靠鼻梁附近眼窝内（内眦）。

（3）三七分。眼睛向前平视时，头路对准左眼或右眼的眼珠中间。

（4）二八分。头路对准左眼或右眼的眼梢（外眦）。

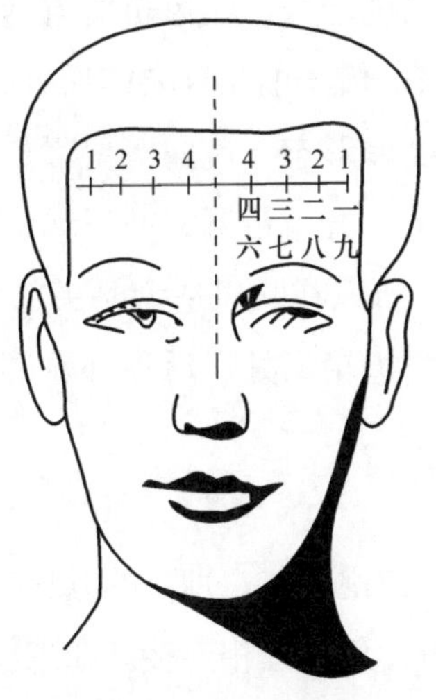

图 4–22　头路位置

分头路时，要露出肤色并形成一条直线。头路长度一般要以耳轮当中为宜，但有的头路也可以长一些。头路分出后，头发便形成两个面积不等的块面，习惯上面积大的称为大边，面积小的称为小边，而中分头路发式是两边对称的，没有大边、小边之分。在男式无头路的发式中，均以前额发丝流向一侧的一边称为大边，而另一侧则称为小边。

确定头路位置时，除尊重顾客意见外，也可以根据发式需要主动向顾客提出建议。一般头路的位置都以靠发旋（发涡）一边为宜，假如头上同时有两个发旋（发涡），也应该选择发旋（发涡）较大的一边。头路的具体位置则根据顾客的脸型来决定。

二、男式发式吹风造型的操作方法

1. 压头路、吹头路轮廓

头路分好后，先用梳子的梳背将头路大边头发的发根压齐，然后用梳子将头路轮廓提拉成立体饱满的形状。

2. 吹小边

从鬓角开始，用梳子将头发由前向后、由上向下斜梳，边吹边梳，吹至后枕部。

3. 吹后枕部轮廓线

梳子斜着自两侧向枕骨隆凸部分梳，吹风口向下，使头发平伏地贴着头皮。

4. 吹顶部

吹顶部即吹属于大边部分的头发。吹的时候要分批进行，从接近头路的部位开始，用梳子把头发一批批地挑起来，吹风机对着梳子下面的头发，吹风口左右摇动送风，使发根微微站起来。梳子的角度要向后方略偏斜。

发式造型由轮廓形状、纹理形态、流向等要素构成。在男式发式中，顶部轮廓造型的形状大部分以方为主、方中带圆，并以弧线连接。因为头部轮廓为头顶正中高、两侧低、后顶部低，所以在吹风造型时头部头发提拉的高度是不一样的，分别为：头路轮廓处、顶部侧边轮廓处、后顶部轮廓处要略高些，头顶正中要略低一些。

5. 吹前额部分

从前额头路边缘开始，用“挑”与“别”的方法按序分批向大边一侧吹，将纹理流向吹向大边一侧，与大边鬓角纹理相连接。如果纹理流向要求向后，则应先用梳刷将前额头发的根部往前拉出弧度，边拉边送风，并使发根站立起弧度，然后再向前额顶部送风，使发根向前斜，发杆弯曲呈弧形，发梢向后梳与顶发衔接。

6. 吹四周轮廓

吹四周轮廓即吹鬓发及中部色调部位，用“压”的方法将鬓发、耳朵上方以及中部色调的头发发梢吹压平伏，紧贴头皮。

7. 检查与梳理

吹风结束后，应全面检查一下，看看有没有高低不平或不对称的地方。如果有显著的高低起伏，应该用梳子提一下，或用毛巾隔着掌心轻轻压一下，同时侧着吹风口对提或压的部位送风，使周围匀贴，顶发饱满。检查调整后，再把头发全部梳理一下。梳的动作要既轻又快，使头发自然平伏，没有发梢翘起现象。

8. 吹波浪

如顾客要求吹波浪式，则用“推”的方法将顶部头发吹成波浪形。操作时，先用梳刷将头发向后梳，梳到一定距离后，再用梳背压住头发，轻轻往前推，使梳齿前端的头发隆起，梳齿部分的头发向下弯曲，随后吹风机送风将其固定，形成第一个波浪。然后依此方法，一浪一浪地边推边吹，直至波浪全部成型。波浪的多少根据发型来掌握，但吹到最后一个波浪时，浪尾要向下，使其与整个头发轮廓相配。波浪必须左右弯曲方向交替，前后衔接贯通，距离适当，不应有脱节和不调和的现象。送风时，吹风口要对着波浪弯曲的方向送风，波浪向右弯吹风口就向右送风，波浪向左弯吹风口就向左送风，这样才能使头发纹路不乱，并与轮廓协调。波浪式发式四周轮廓要求饱满自然，发式轮廓线和色调部位的头发要求自然平伏、发梢不翘。

三、男式发式吹风造型的质量标准

1. 轮廓齐圆，饱满自然

推剪操作是依照人们头部自然的椭圆形轮廓进行的，这就要求吹风造型同样要保持轮廓齐圆的形象。轮廓齐圆是吹风的基本要求，仅仅齐圆是不够的，还必须达到饱满，使内轮廓与外轮廓相衔接，两侧上部饱满，分头路者则要求头路两旁隆起饱满。

2. 头路明显整齐，纹理清楚不乱

分头路的发型如果头路处理得不好，将对整个发型有很大的影响。吹头路造型是吹风技术中难以掌握的一环。头路要分得直，肤色要明显，头发丝纹要清楚不乱。大边头发吹压后要有立体感，小边头发要平伏，但也要微微松起，这样才能达到明显整齐、两旁隆起饱满的要求。顶发要求蓬松、纹路不乱、不脱节。

3. 周围平伏，顶部有弧形感

周围平伏是指顶发以下的轮廓部分发梢平伏地贴在头发上，与皮肤的交接处要求不翘，发杆微微弯曲呈“弓”形，顶部头发与左右两侧要饱满有弧度，看上去既平伏又饱满。

4. 不痛不焦，发式持久

吹风必须做到不吹痛头皮，不吹焦头发。因此，在吹风时要注意吹风口与头皮的距离，并保持一定的角度，还要注意送风的温度与技巧。吹风以后还必须使头发弯曲，发型持久。这就不仅要求吹风要吹透，而且吹风机与梳刷要配合密切（梳刷移动要略慢而吹风机移动要略快）。

男式有色调分缝斜向后流向发式吹风造型

操作准备

1. 工具和用品准备：围布 1 条、干毛巾 1 条、无声吹风机 1 个、梳子 2 把、尖尾梳 1 把、发乳 1 瓶、啫喱水（膏）1 瓶、发胶 1 罐。

2. 顾客准备：为顾客围上围布，用干毛巾吸去头发上的水分并将干毛巾披好，根据顾客需要涂抹发乳、啫喱水（膏）或发胶。

操作步骤

步骤 1　分头路。分头路时，要使头路露出肤色，并形成一条直线。头路末端一般直下至耳后侧为宜。确定好头路的位置后，用梳子或尖尾梳将头路分出。	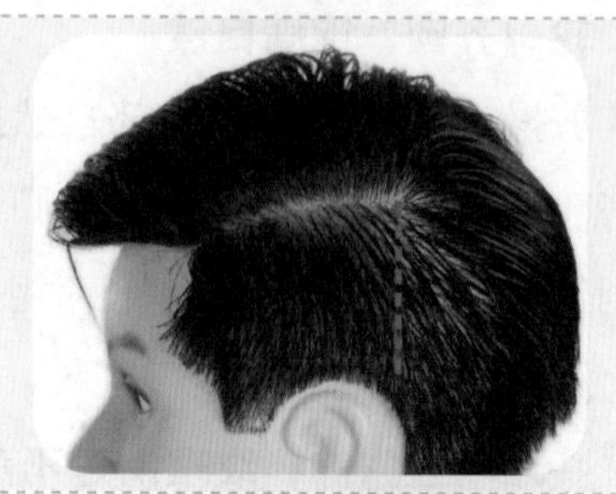
步骤 2　压头路。头路分好后，将梳子的梳齿插进头路大边头发的发根处，梳背与头路平行并与头皮保持约 5 mm 的距离，无声吹风机对着梳背下送风，梳背原位向下压。	
步骤 3　吹头路顶端。梳子用"别"的方法将头路顶端的头发吹成立体饱满状。	
步骤 4　吹小边。先用梳齿将小边鬓角的头发由前斜向耳后梳理，边吹边梳，一直吹至后枕部，然后再用梳子将整个小边头发向后梳，吹风口对着来回吹几次。梳子和吹风口要形成 25° 角，这样吹风的温度不会烫痛头皮。梳子背不可压得太低，否则头发会呆板地紧贴在头皮上。	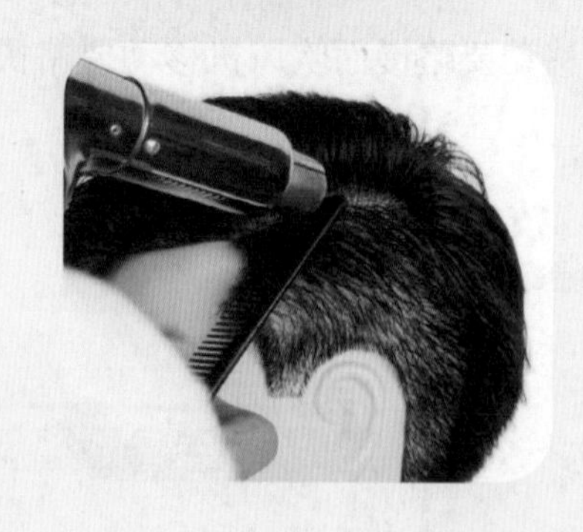

步骤 5　吹顶部。吹大边部分的头发时，要从头路的顶部开始按序进行。梳齿插入头发的根部用“别”的方法把头发梳起来，并将梳子微微转动至与头皮成 55°~ 60°，一边转动梳子，一边用无声吹风机对着梳齿下的头发送风，使发根微微站立，发杆弯曲呈弧形，用此方法将顶部的头发依次吹完。

步骤 6　吹大边侧顶部。吹大边侧顶部时，自顶心向侧边依次推进。梳子梳起头发的高度基本与顶心的高度一致，使发根站立，发杆成弧形，并使顶部轮廓呈现以方为主、方中带圆、圆中显方的形态。

步骤 7　吹大边额角。吹大边额角上端时，为了便于与顶部的头发衔接，呈现以方为主、方中带圆的外轮廓造型，要把这里的头发梳得略高些，使其与顶心相平，以便前后相称。

步骤 8　吹大边后侧部。用“别”的方法将大边后侧部的头发吹出饱满的轮廓。

步骤 9　吹大边后顶部。用“别”的方法将后顶部的头发吹出饱满的轮廓，并将两边的头发吹到后枕部大边一侧汇集。

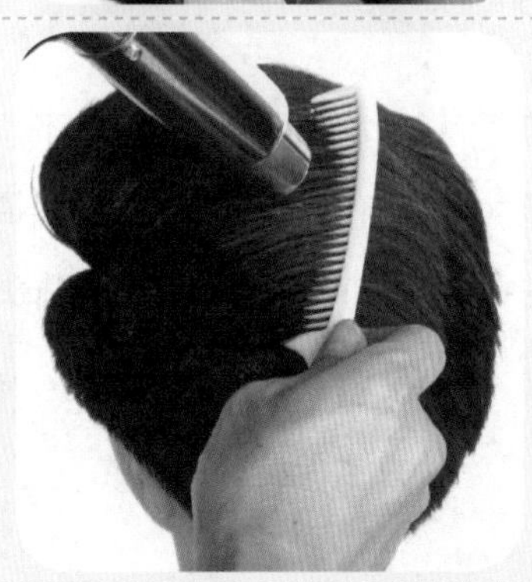

步骤 10 吹前额顶部。从额前头路边缘开始，用“挑”与“别”的方法按序分批向大边一侧吹，将纹理流向吹向大边一侧，与大边鬓角纹理相衔接。

步骤 11 吹前额。从小边额角用“挑”与“别”的方法按序分批向大边额角吹，使发根前倾站立，发杆饱满弯曲，发梢斜向额角与大边侧面头发连接。如果纹理流向要求向后，则应先用梳刷将前额头发的根部往前拉出弧度，边拉边送风，并使发根站立起弧度，然后再向前额顶部送风，使发根向前斜，发杆弯曲呈弧形，发梢向后梳与顶发衔接。

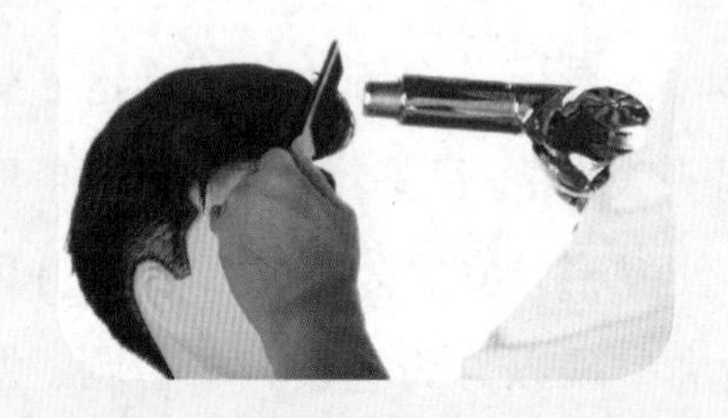

步骤 12 吹鬓角部位。用手掌压（衬干毛巾）的方法将鬓发及耳朵上方的头发发梢吹压平伏、紧贴头皮。

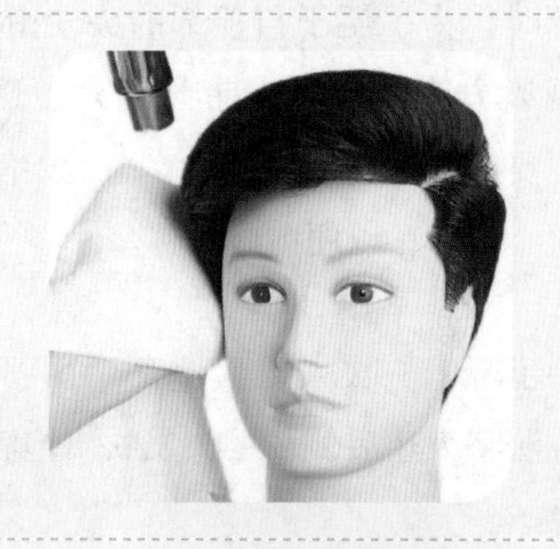

步骤 13 吹压四周色调部位。用手掌压（衬干毛巾）的方法将四周色调部位的头发发梢吹压平伏、紧贴头皮。

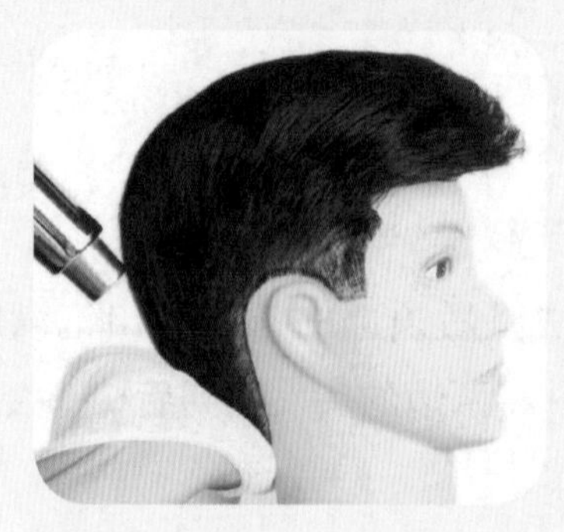

步骤 14 检查与梳理。吹风结束前，应全面检查一下，看看有没有高低不平的地方。如果有显著的高低起伏，应该用梳子提拉一下，或用毛巾隔着掌心轻轻压一下，同时用吹风口侧着送风，使周围匀贴，顶发饱满。检查调整后，再把头发全部梳理一下。梳的动作要既轻又快，使头发自然平伏，没有发梢翘起现象。

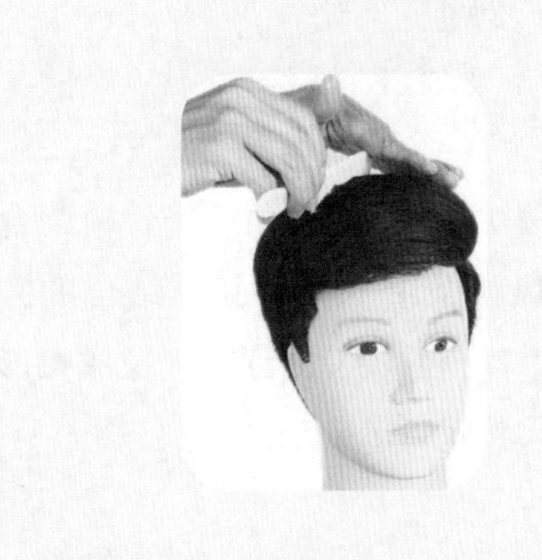

步骤 15 完成男式有色调分缝斜向后流向发式吹风造型。

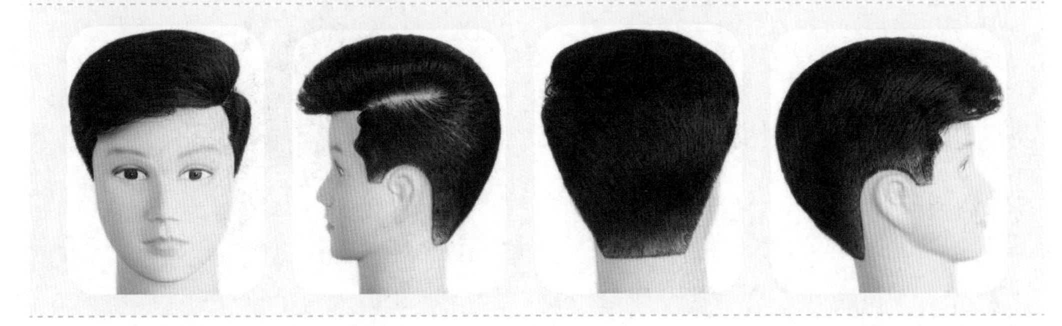

注意事项

1. 发式定型要准确，本发式为有缝斜向后纹理流向发式。

2. 头路的位置、长短要掌握好，头路要明显、饱满、有立体感。

3. 轮廓以方为主、方中带圆、自然饱满，与脸型相配。

4. 头发纹理要清晰、顺畅，四周要平伏。

5. 合理、正确运用吹风机的操作技巧。

男式有色调无缝斜向后流向发式吹风造型

操作准备

1. 工具和用品准备：围布 1 条、干毛巾 1 条、有声吹风机 1 个、无声吹风机 1 个、梳子 2 把、排骨刷 1 把、发乳 1 瓶、啫喱水（膏）1 瓶、发胶 1 罐。

2. 顾客准备：为顾客围上围布，用干毛巾吸去头发上的水分并将干毛巾披好，根据顾客需要涂抹发乳、啫喱水（膏）或发胶。

操作步骤

步骤1　吹小边额角。排骨梳配合有声吹风机，用“别”“挑”结合的方法将小边额角的头发向顶部提拉成弧形饱满状，并同时送风。

步骤2　吹小边。用“别”的方法将小边的头发向耳后侧梳，并同时送风。

步骤3　吹小边后顶部。用“别”“挑”结合的方法将小边后顶部的头发吹成立体饱满状 。

步骤4　吹顶部。吹大边部分头发的时候要按序进行，梳齿插入头发根部，用“别”的方法把头发挑起来，并将梳子微微转动至与头皮成55° ~ 60° ，一边转动梳子，一边用吹风机朝梳齿下的头发送风，使发根微微站立，发杆弯曲呈弧形，用此方法将顶部的头发依次吹完。

步骤 5　吹后顶部。用“别”“挑”结合的方法将后顶部的头发吹成立体饱满状。

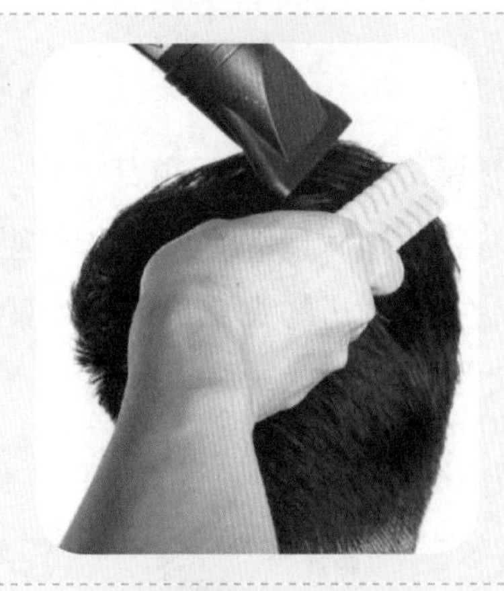

步骤 6　吹大边侧顶部。吹大边侧顶部时，自顶心向侧边依次推进。梳子梳起头发的高度基本与顶心的高度一致，使发根站立，发杆成弧形，并使顶部轮廓呈现以方为主、方中带圆、圆中显方的形态。

步骤 7　吹大边额角。吹大边额角上端时，为了便于与顶部的头发衔接，呈现以方为主、方中带圆的外轮廓造型，要把这里的头发梳得略高些，使其与顶心相平，以便前后相称。

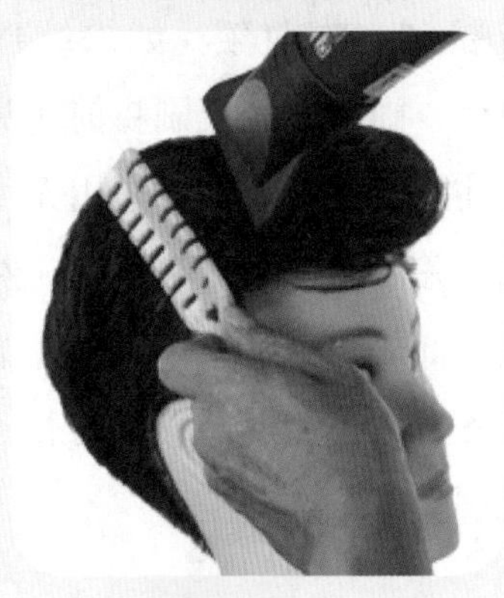

步骤 8　吹大边后侧部。用“别”的方法将大边后侧部的头发吹出饱满的轮廓。

步骤 9　吹大边后顶部。用“别”的方法将大边后顶部的头发吹出饱满的轮廓，并将两边的头发吹到后枕部大边一侧汇集。

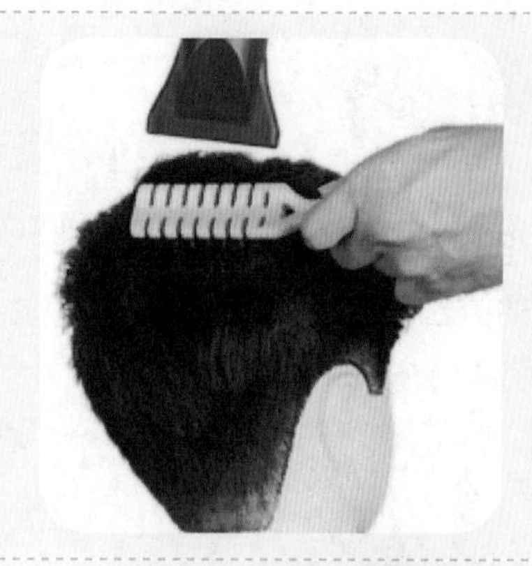

步骤 10　吹前额顶部。从小边额角开始，用“挑”与“别”的方法按序分批向大边一侧吹，将纹理流向吹向大边一侧，与大边鬓角纹理相衔接。

步骤 11　吹前额。如果纹理流向要求向后，则应先用梳刷将前额头发的根部往前拉出弧度，边拉边用无声吹风机送风，并使发根站立起弧度，然后再向前额顶部梳并继续送风，使发根向前斜，发杆弯曲呈弧形，发梢向后梳与顶发衔接。

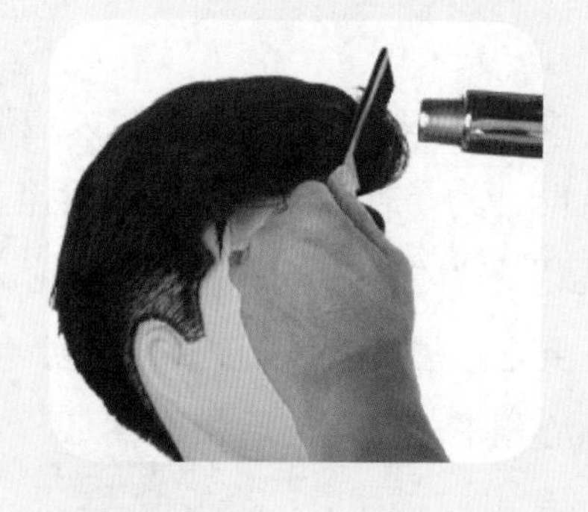

步骤 12　吹鬓发部位。用“压”的方法将鬓发及耳朵上方的头发发梢吹压平伏、紧贴头皮。

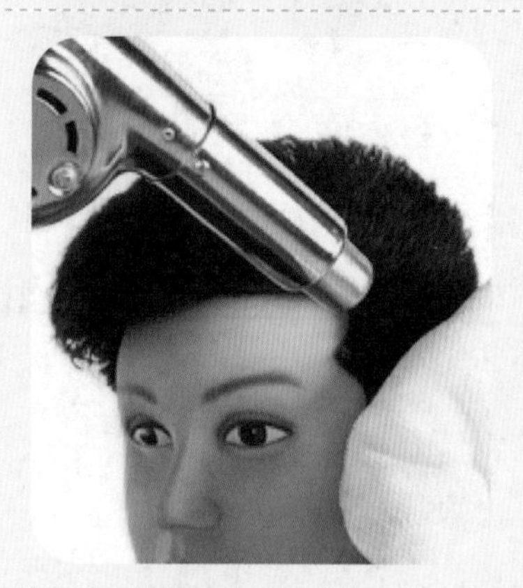

步骤 13　吹压四周色调部位。用“压”的方法将四周色调部位的头发发梢吹压平伏、紧贴头皮。

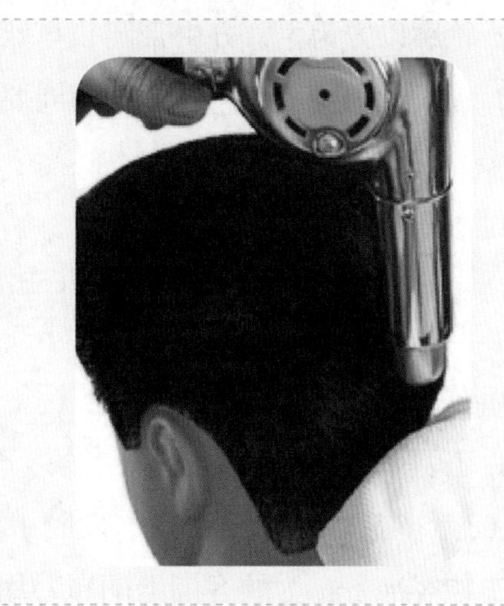

步骤 14　检查与梳理。吹风结束前，应全面检查一下，看看有没有高低不平的地方。如果有显著的高低起伏，应该用梳子提拉一下，或用毛巾隔着掌心轻轻压一下，同时用吹风口侧着送风，使周围匀贴，顶发饱满。检查调整后，再把头发全部梳理一下。梳的动作要既轻又快，使头发自然平伏，没有发梢翘起现象。

步骤 15　完成男式有色调无缝斜向后流向发式吹风造型。

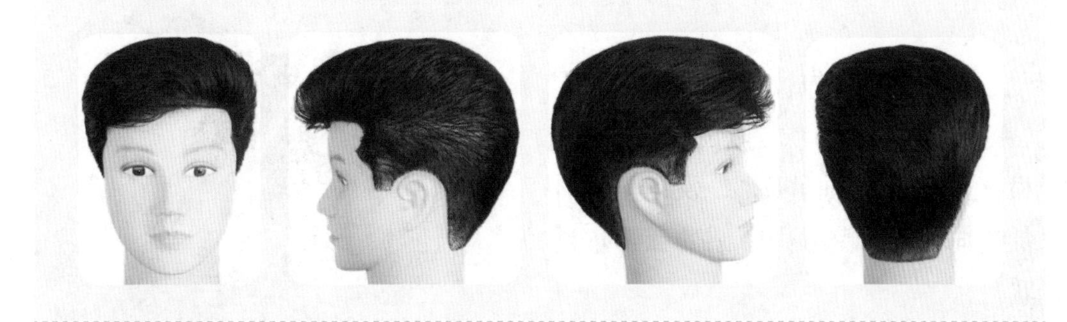

注意事项

1. 发式定型要准确，本发式为无缝斜向后纹理流向发式。

2. 轮廓以方为主、方中带圆、自然饱满。

3. 头发纹理要清晰、贯通，四周要平伏。

男式有色调自然流向发式吹风造型

操作准备

1. 工具和用品准备：围布 1 条、干毛巾 1 条、无声吹风机 1 个、梳子 1 把、发乳 1 瓶、啫喱水（膏）1 瓶、发胶 1 罐。

2. 顾客准备：为顾客围上围布，用干毛巾吸去头发上的水分并将干毛巾披好，根据顾客需要涂抹发乳、啫喱水（膏）或发胶。

操作步骤

步骤 1　吹发旋左侧轮廓。梳子配合无声吹风机，用“别”“挑”结合的方法，从发旋左侧按顺时针方向吹左侧轮廓，轮廓呈方中带圆的弧形饱满状。

步骤 2　吹左侧前顶部。用“别”“挑”结合的方法，吹左侧前顶部，使发根站立，发杆弯曲呈弧形，发梢呈顺时针流向，轮廓呈方中带圆的弧形饱满状。

步骤 3 吹顶部。吹顶部头发的时候要按序进行，梳齿插入头发根部，用“别”的方法把头发挑起来，并将梳子微微转动至与头皮成 55°~ 60°，一边转动梳子，一边用吹风机对着梳齿下的头发送风，使发根微微站立，发杆弯曲呈弧形，用此方法将顶部的头发依次吹完。

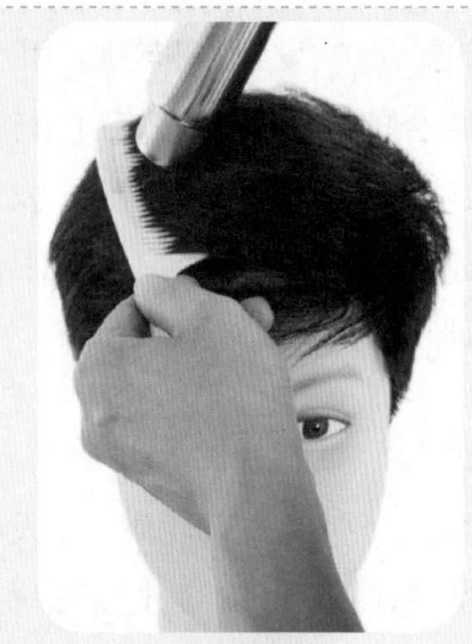

步骤 4 吹右侧前顶部。用“别”“挑”结合的方法，吹右侧前顶部，自顶心向侧边依次推进，梳子挑起头发的高度基本与顶心的高度一致，使发根站立，发杆呈弧形，并使顶部轮廓呈现以方为主、方中带圆、圆中显方的形态。

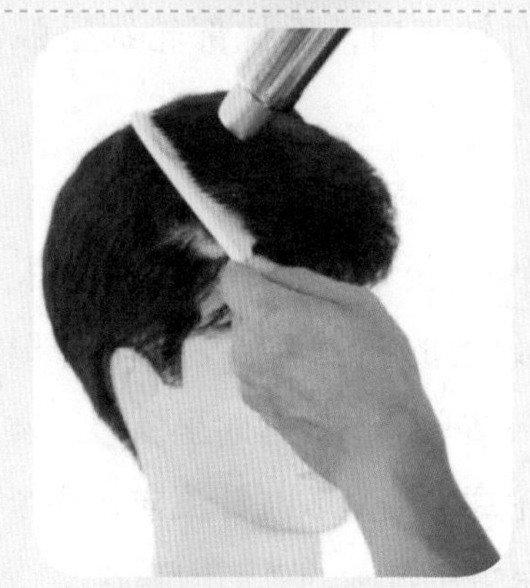

步骤 5 吹右侧轮廓。用“别”“挑”结合的方法，吹右侧轮廓，使发根站立，发杆弯曲呈弧形，右侧轮廓发梢呈顺时针流向，右侧轮廓呈方中带圆的弧形饱满状。

步骤 6 吹发旋右侧轮廓。用“别”“挑”结合的方法，吹发旋右侧轮廓，使发根站立，发杆弯曲呈弧形，发旋右侧轮廓发梢呈顺时针流向，右侧轮廓呈方中带圆的弧形饱满状。

步骤 7　吹发旋后侧轮廓。用“别”“挑”结合的方法，吹发旋后侧轮廓，使发根站立，发杆弯曲呈弧形，发旋后侧轮廓发梢呈顺时针流向，发旋后侧轮廓呈弧形饱满状。

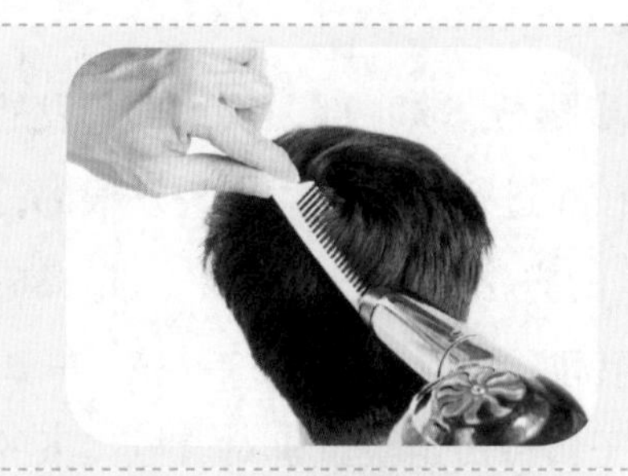

步骤 8　吹后枕部。用“别”“挑”结合的方法，吹后枕部轮廓，使发根站立，发杆弯曲呈弧形，后枕部轮廓发梢呈顺时针流向，后枕部轮廓呈弧形饱满状。

步骤 9　吹发旋后顶部。用“别”“挑”结合的方法，吹发旋后顶部轮廓，使发根站立，发杆弯曲呈弧形，发旋后顶部轮廓发梢呈顺时针流向，整个发型轮廓呈方中带圆的弧形饱满状。

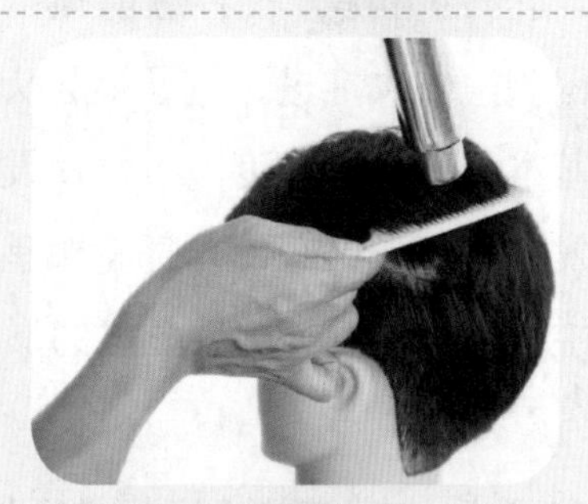

步骤 10　吹前额部。用“别”“挑”结合的方法，按序分批将纹理流向往大边一侧吹，与大边鬓角纹理相衔接，使前额轮廓呈方中带圆的弧形饱满状。

步骤 11　吹鬓发部位。用“压”的方法把鬓发及耳朵上方的头发发梢吹压平伏、紧贴头皮。

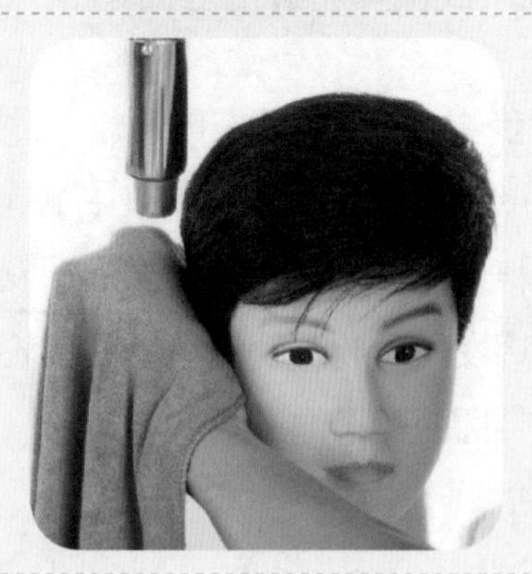

步骤 12　吹压四周色调部位。用“压”的方法把四周色调部位的头发发梢吹压平伏、紧贴头皮。

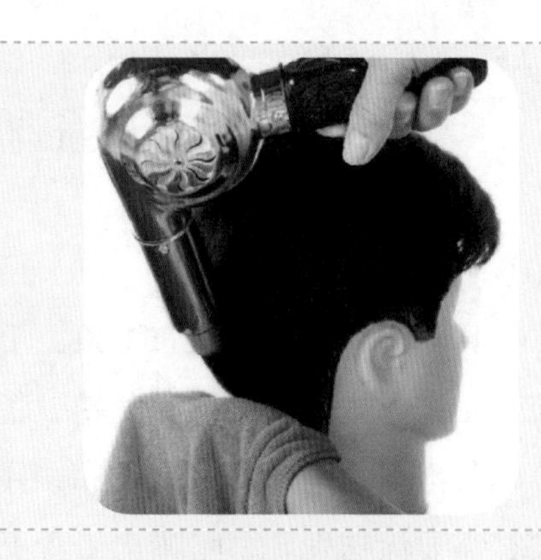

步骤 13　检查与梳理。吹风结束前，应全面检查一下，看看轮廓是否圆润饱满，左右轮廓、纹理是否对称，纹理是否贯通，看看有没有高低不平的地方，如果有显著的高低起伏，应该用梳子提一下，或用毛巾隔着掌心轻轻压一下，同时用吹风口侧着送风，使周围匀贴，顶发饱满。检查调整后，再把头发全部梳理一下。梳的动作要既轻又快，使头发自然平伏，没有发梢翘起现象。

步骤 14　完成男式有色调自然流向发式吹风造型。

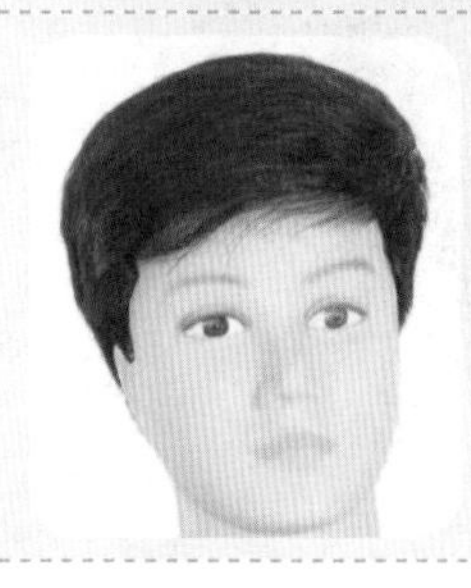
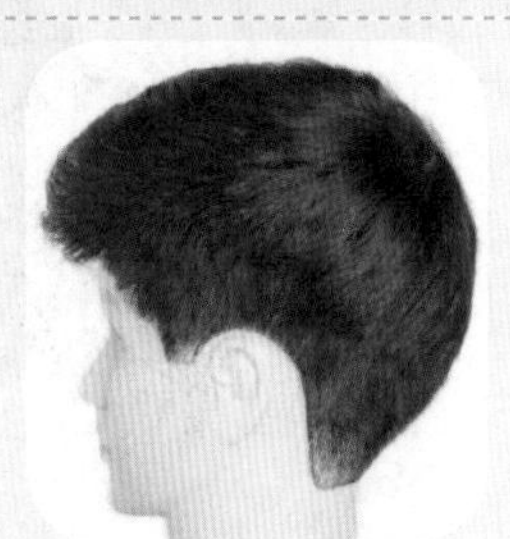
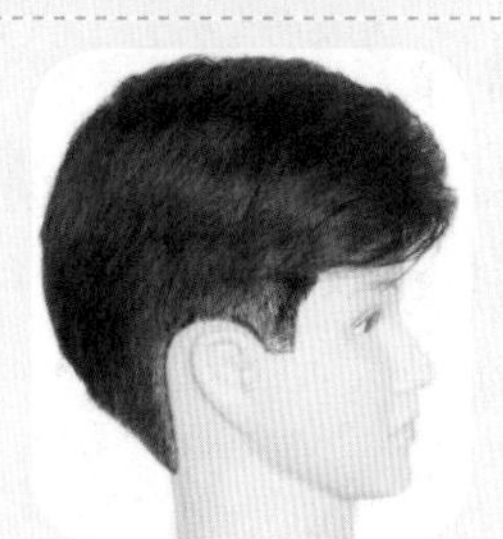
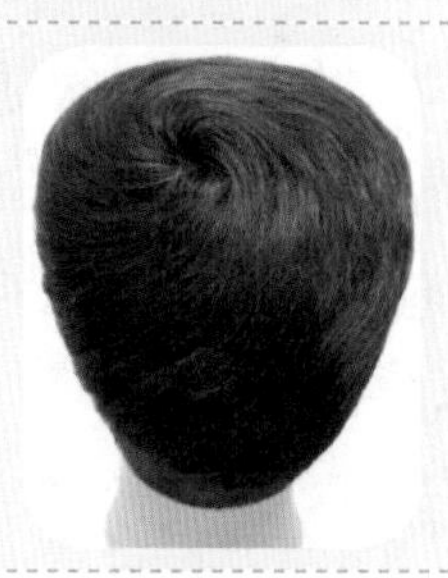

注意事项

1. 发式定型要准确，本发式纹理为自然流向。

2. 发旋位置准确、平伏、收紧，发旋纹理流向以发旋为中心呈弧形向四周自然散开。

3. 头发纹理要清晰、顺畅，轮廓以方为主、方中带圆、自然饱满。

4. 男式有色调自然流向发式的纹理流向可以顺时针吹，也可以逆时针吹。

男式有色调直向后流向发式吹风造型

操作准备

1. 工具和用品准备：围布 1 条、干毛巾 1 条、有声吹风机 1 个、无声吹风机 1 个、梳子 1 把、排骨刷 1 把、发乳 1 瓶、啫喱水（膏）1 瓶、发胶 1 罐。

2. 顾客准备：为顾客围上围布，用干毛巾吸去头发上的水分并将干毛巾披好，根据顾客需要涂抹发乳、啫喱水（膏）或发胶。

操作步骤

步骤 1　吹前额部。排骨刷配合有声吹风机，用“别”“挑”结合的方法，将前额的头发向前提拉出圆润饱满的弧度。	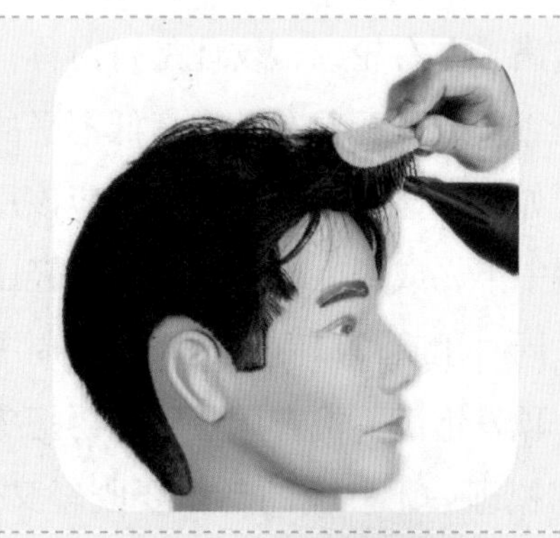
步骤 2　吹顶部。用“别”“挑”结合的方法，将顶部的头发往上、往前提拉出圆润饱满的弧度。	
步骤 3　吹后顶部。用“别”“挑”结合的方法，将后顶部的头发向上提拉出圆润饱满的弧度。	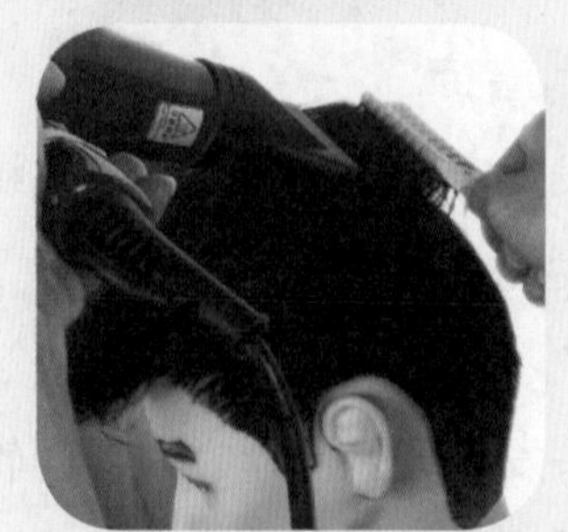

步骤 4　吹右侧前顶部。用“别”“挑”结合的方法，将右侧前顶部的头发向前提拉出圆润饱满的弧度。

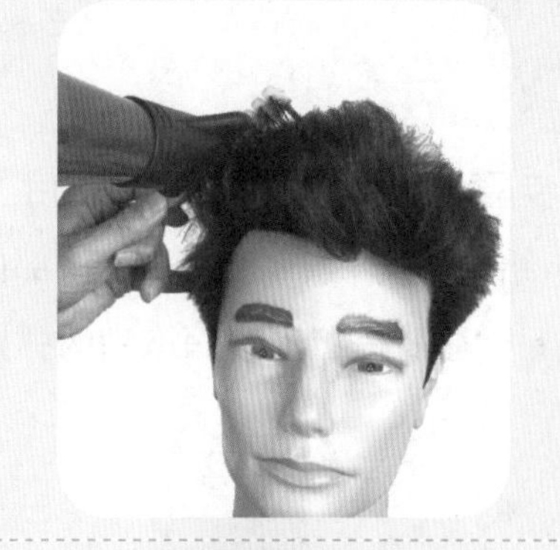

步骤 5　吹右侧顶部。用“别”“挑”结合的方法，将右侧顶部的头发往上、往前提拉出圆润饱满的弧度。

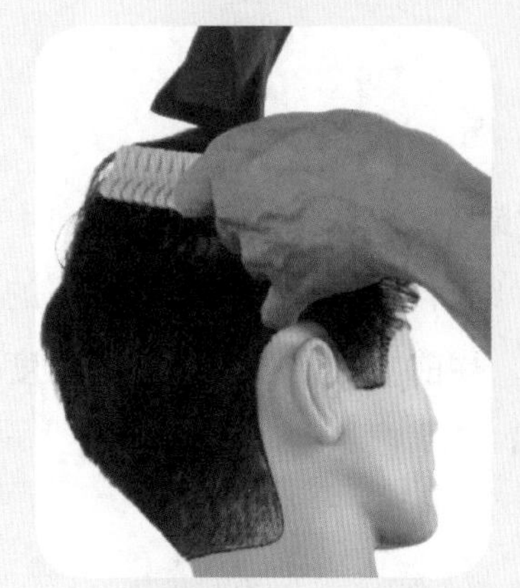

步骤 6　吹右侧后顶部。用“别”“挑”结合的方法，将右侧后顶部的头发向上提拉出圆润饱满的弧度。

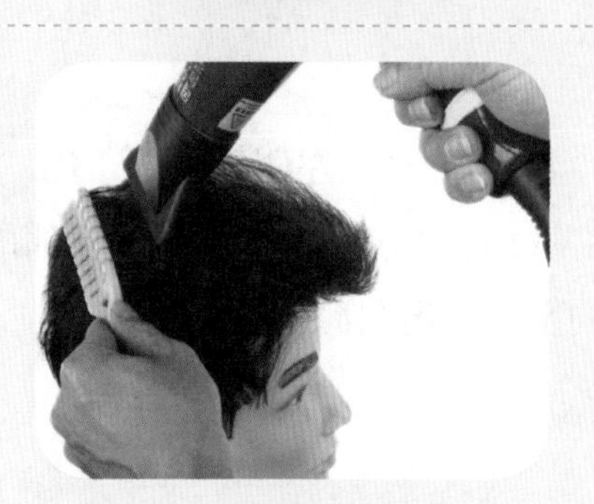

步骤 7　吹右侧后枕部。用“别”的方法，将右侧后枕部的头发提拉出饱满的弧度。

步骤8 吹左侧前顶部。用“别”“挑”结合的方法，将左侧前顶部的头发往上、往前提拉出圆润饱满的弧度。

步骤9 吹左侧顶部。用“别”“挑”结合的方法，将左侧顶部的头发往上、往前提拉出圆润饱满的弧度。

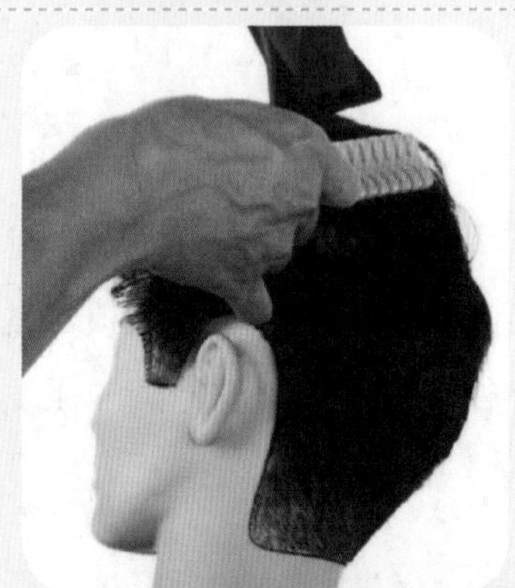

步骤10 吹左侧后顶部。用“别”“挑”结合的方法，将左侧后顶部的头发向上提拉出圆润饱满的弧度。

步骤11 吹左侧后枕部。用“别”的方法，将左侧后枕部的头发提拉出饱满的弧度。

步骤 12　吹压四周色调部位。用“压”的方法将四周色调部位的头发发梢吹压平伏、紧贴头皮。

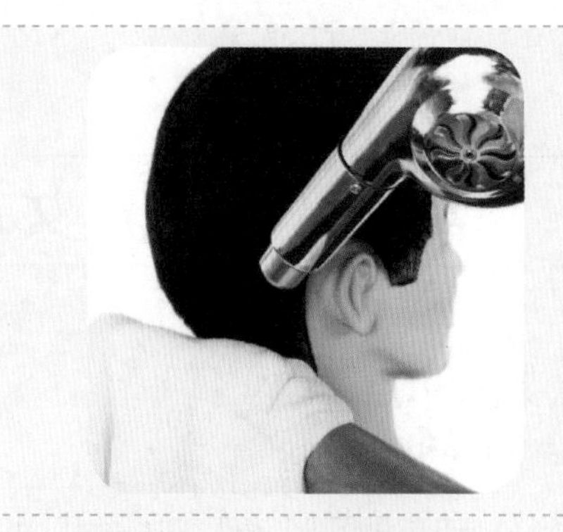

步骤 13　检查与梳理。吹风结束前，应全面检查一下，看看轮廓是否圆润饱满，左右轮廓、纹理是否对称，纹理是否贯通，看看有没有高低不平的地方，如果有显著的高低起伏，应该用梳子提一下，或用毛巾隔着掌心轻轻压一下，同时将吹风口侧着送风，使周围匀贴，顶发饱满。检查调整后，再把头发全部梳理一下。梳的动作要既轻又快，使头发自然平伏，没有发梢翘起现象。

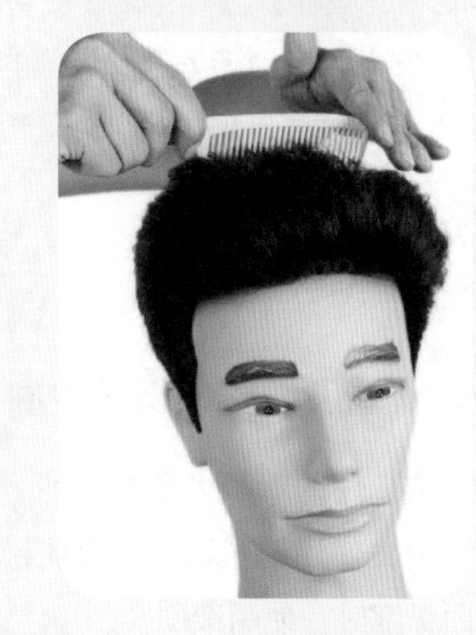

步骤 14　完成男式有色调直向后流向发式吹风造型。

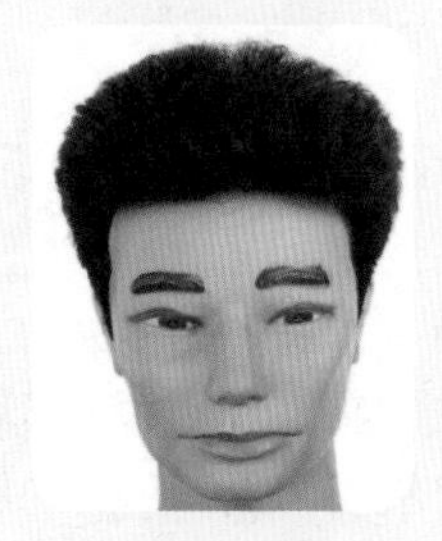
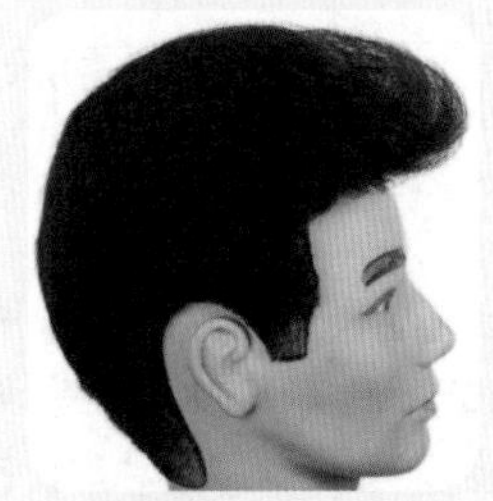
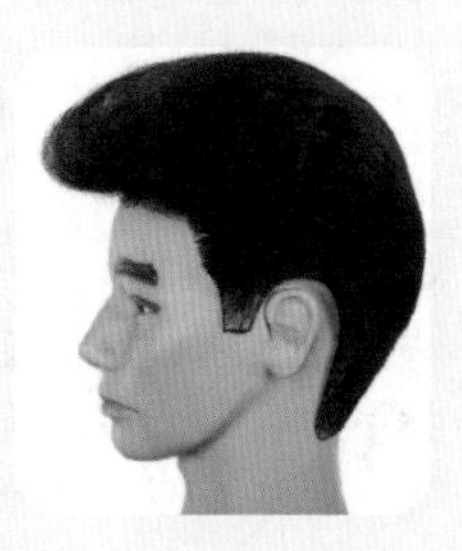
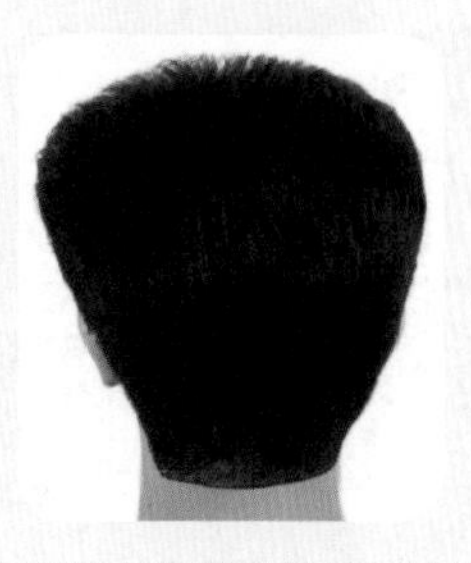

注意事项

1. 发式定型要准确，本发式纹理流向为直向后。
2. 左右轮廓、纹理流向对称，轮廓以圆润、饱满为主。
3. 发式纹理走向要清晰、顺畅，四周要平伏。
4. 合理、正确运用吹风机的操作技巧。

培训单元 3　女式基本发型吹风造型

了解女式发型吹风操作中刷子使用的基本方法。

了解女式短发吹风造型的质量标准和注意事项。

能够进行女式基本短发发型吹风造型。

一、女式发型吹风操作中刷子使用的基本方法

目前梳理用的刷子大致有三种，分别为钢丝刷、排骨刷、滚刷。一般需要大面积梳刷时，使用钢丝刷；需要梳松或小面积梳理时，使用排骨刷；需要调整弹性和卷曲弧度时，使用滚刷。

吹风操作中，刷子使用的基本方法见表 4–12。有时因为发型需要，还可以将两种方法结合起来同时使用。

表 4–12　吹风操作中刷子使用的基本方法

基本方法	说明
拉法	拉法有立起来拉和平直拉两种方式。在操作中，刷齿面向头发，运用手指运转，自发根处向发势相反方向带起头发，至发型所需弯度略顿一下。此法在直发类或卷发类发型吹风操作中均可使用
别法	刷齿面向头发，运用五指运转（拇指向外推，其余四指向内收），将刷子立起，将发根处向发势的相反方向提拉，使其具备饱满的弧形和一定的高度。此方法多用于直发类发型吹风操作中
旋转法（滚刷）	用刷齿带住头发做 360° 滚动，可以内旋或外旋，这种方法可以缓解较卷曲头发的卷曲度，滚刷的直径直接影响卷曲度的大小，一般用于吹翻翘式或大波浪发型。对于直发，此法可以制造卷曲，并且能增加头发的弹性和光泽度

续表

基本方法	说明
平刷法	将刷子平贴在头发上进行梳刷，一般用于顶部头发较多的部位
拉刷法	用部分刷齿进行梳刷，一般用于周围长发
翻刷法	用刷齿带动头发做 180° 翻转，一般用于发尾内扣或外翻

二、女式短发吹风造型的质量标准

1. 发型自然、美观、大方，额前、两侧、顶部具有发式特点。

2. 发型轮廓饱满自然，配合脸型，适合头型，发型整体协调，给人以舒适感。

3. 发型线条自然、流畅，纹理清晰、有光泽，结构合理，无生硬感。

4. 发型牢固持久，易于梳理。

三、女式短发吹风造型的注意事项

1. 送风量

送风量直接影响发型的最后效果，送风量过大会破坏头发的自然美感。一般吹风造型时多用吹风口四分之三的风力。

2. 送风角度

送风角度应根据实际操作中梳刷拉起头发的角度而定，一般吹风口不能对着头发直接送风，而应将吹风机侧斜着，风口与头发成 45° 左右。

3. 送风时间

正确控制送风时间对发型的吹风操作起着关键的作用。时间的掌握应根据发型及发质而定。注意不能将风口对准一个点长时间送风，以免将头发吹焦，损伤头发。干性头发送风时间要短，油性头发送风时间可稍长。

4. 送风位置

送风位置直接影响发型的高度、弧度和发势方向。发根站立情况影响发型的高度，发杆受风位置影响发型的弧度，发尾受风位置影响发型方向。因此，吹风口应自发根经发杆至发尾，同时吹风口应侧向送风。

技能要求

女式短发固体层次发型吹风造型

操作准备

1. 工具和用品准备：围布 1 条、干毛巾 1 条、有声吹风机 1 个、滚刷 1 把、发乳 1 瓶、啫喱水（膏）1 瓶、发胶 1 罐。

2. 顾客准备：为顾客围上围布，用干毛巾吸去头发上的水分并将干毛巾披好，根据顾客需要涂抹发乳、啫喱水（膏）或发胶。

操作步骤

步骤 1 先将头发吹至五成干，然后吹后颈部发区。

（1）在后颈部中部分出一条垂直线，分为左右两个发区。

（2）先吹左侧。在后颈部下一半位置分出一片水平发片，滚刷与发片平行并以 45° 向下提拉发片，吹风口与滚刷成 70° ~ 80°，边吹边滚拉，再以 0° 回落，发尾略向内旋转，使发尾产生内扣。

（3）以上述相同的方法逐层吹右侧头发。

（4）以上述相同的方法吹后颈部第二层左、右发片。

（5）后枕部偏下的头发不要向外蓬松，角度不可提拉。

（6）后枕部偏上的发根略微往上提拉。

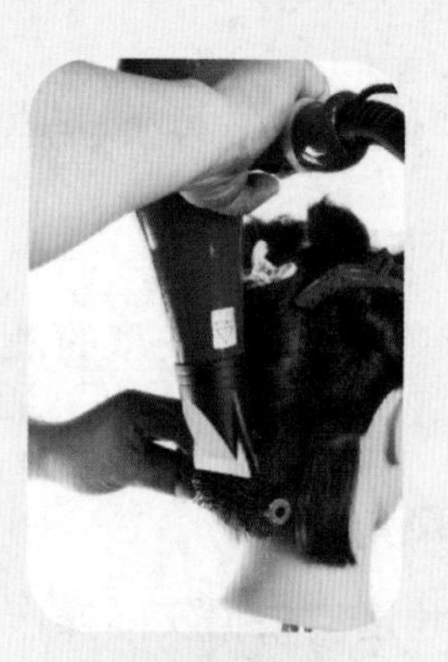

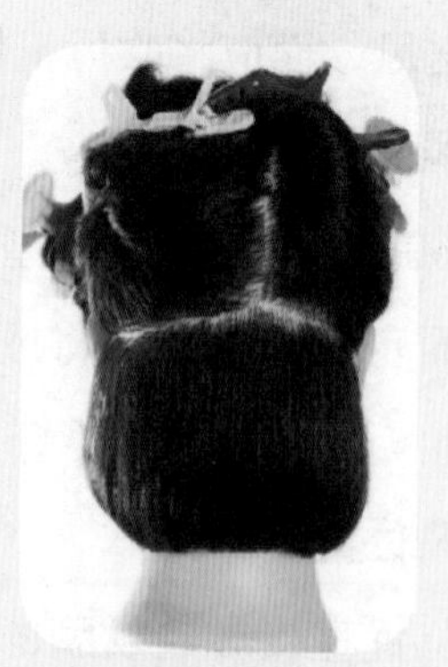

步骤 2　吹后枕部发区。

（1）在后枕部继续向上分出左、右水平发片。

（2）以上述相同的方法逐层吹后枕部的左、右发片。

（3）发型要求逐步蓬松，发根逐层向上提拉（距离约为滚刷的半径）。

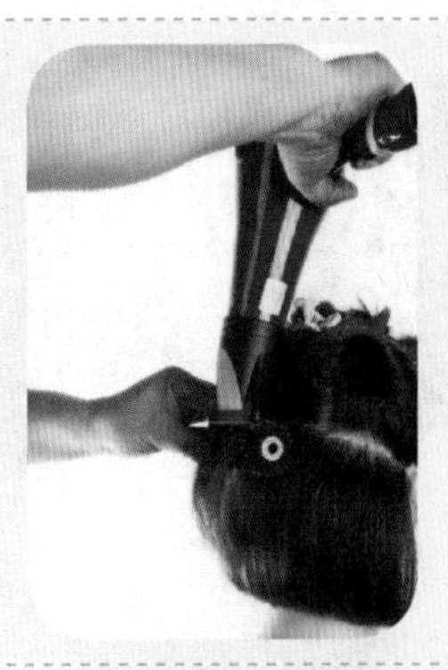

步骤 3　后颈部、后枕部连接处理。从后颈部发根起吹至发尾，发尾略向内旋转，使发尾产生内扣，逐层水平分线吹至后顶部以下。

步骤 4　吹后顶部发区。后顶部区域决定整个发型的高度，发根往上提拉（距离约为滚刷的直径）送风，停顿 1~2 s 后再吹发杆，在空中形成弧形，0° 回落。

步骤 5　吹左侧发区。

（1）吹左侧下层发片。左侧水平分片，发根至发尾高度与后发区保持一致，逐层往上吹至头顶部。

（2）吹左侧中层发片。将左侧发片继续水平划分。这是关键区，决定发型的形状、流向、线条等，发根一定要有力度。

（3）吹左侧上层发片。吹发杆时，滚刷将头发从上向下拉成弧形。

（4）左侧上、中、下三层发片连接处理。将左侧上、中、下三层发片向下拉成弧形，发尾 0° 回落，并略向内旋转。

步骤 6　吹右侧发区。

（1）吹右侧下层发片。右侧水平分片，发根至发尾高度与后发区保持一致，逐层往上吹至头顶部。

（2）吹右侧中、上层发片，并进行连接处理。在吹右侧中、上层发片时，要与后发区头发保持一致的高度和弧度，并将上、中、下三层发片进行连接处理。

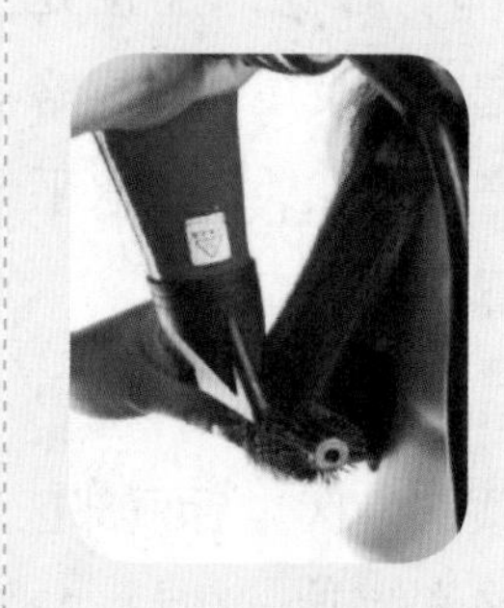

步骤 7　吹前额刘海发区。

（1）吹刘海大边轮廓。大角度提拉刘海，使刘海蓬松，滚刷贴着头皮往前推，边吹风边转动梳刷，放下发片时停顿 1 ~ 2 s，形成弧度。

（2）吹前额刘海发根。使前额头发发根站立有弧度并前倾，滚刷沿着发际线从前额往后推，并同时送风，营造干净利落的形象。

（3）吹前额刘海头路两侧。在分头路处用滚刷或梳刷将头发往后推，并同时送风。

（4）吹刘海小边头发。在左侧用滚刷或梳刷将头发向后推，并同时送风。

步骤 8　调整、修饰四周轮廓。最后对整个发型进行梳理、造型和修饰。

步骤 9　完成女式短发固体层次发型吹风造型。

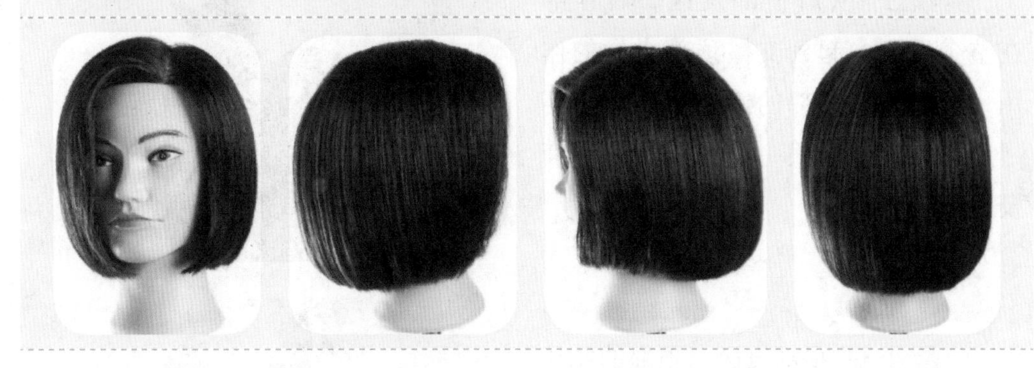

女式短发均等层次发型吹风造型

操作准备

1. 工具和用品准备：围布 1 条、干毛巾 1 条、有声吹风机 1 个、无声吹风机 1 个、梳刷 1 把、发乳 1 瓶、啫喱水（膏）1 瓶、发胶 1 罐。

2. 顾客准备：为顾客围上围布，用干毛巾吸去头发上的水分并将干毛巾披好，根据顾客需要涂抹发乳、啫喱水（膏）或发胶。

操作步骤

步骤 1　先将头发吹至五成干，然后吹后颈部发区。吹后颈部头发时，尽可能让发根伏贴。在吹风时，有声吹风机配合梳刷，顺着发根生长的方向从上往下压，要求左右手交换使用梳刷。

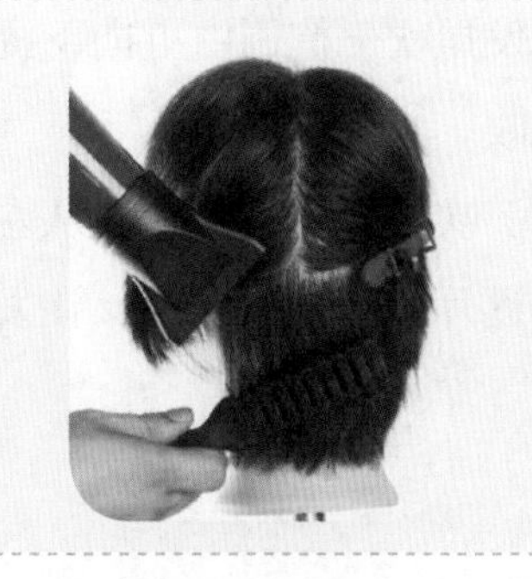

步骤 2　吹后枕部发区。把上区头发顺着发根方向往左右两侧拨开，斜取发片。此发区头发不宜吹得太高，发根应微微站起，发杆稍微有些弧度，发尾用热风稍带正即可。往上吹时，发根要求逐渐站立蓬松，因此吹风时发根站立的角度应逐渐提拉抬高。

步骤 3　吹后顶部发区。后顶部在整个发型中起到支撑顶部头发的作用，也决定了顶部的饱满度。头发要尽可能蓬松，发根一定要站立，发杆及发尾加强力度。

步骤 4　吹顶部发区。顶部的发片要与头皮垂直，发根站立，梳刷紧贴头皮，吹风口与发片成 45° 提起，并转动梳刷，以加强发尾力度。

步骤 5　吹左侧发区。

（1）吹左侧下层头片。根据发尾流向接近水平取发片，吹风口取 15° 从发根至发尾吹，梳刷由上向下提拉，发尾向内收。

（2）吹左侧上层头片。从左侧上层至顶部逐片提高发根高度，让发型量感上移。

步骤 6　吹右侧发区。

（1）吹右侧下层头片。以上述吹左侧下层头片的方法吹右侧下层头片。

（2）吹右侧上层头片。以上述吹左侧上层头片的方法吹右侧上层头片至顶部。

步骤 7　吹前额刘海发区。

（1）吹前额刘海下层头片。采用斜线分片，发根尽量站立蓬松。吹风时梳刷紧贴头皮，热风在发根处停顿 1～2 s 后提起，边吹边转动发片，以制造发尾流向。

（2）吹前额刘海上层头片。按上述方法逐片往顶部吹发片，直到完成整个顶部操作。

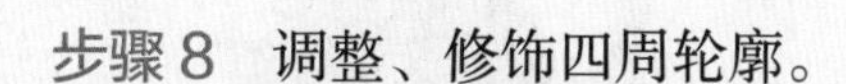

步骤 8　调整、修饰四周轮廓。

（1）整理发型四周下沿线。用无声吹风机将发型四周下沿线轻轻下压，使四周发型下沿线伏贴。

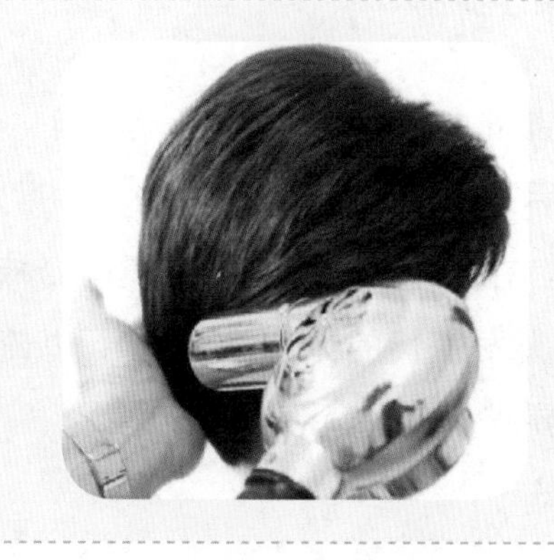

（2）调整发型轮廓。用无声吹风机调整发型轮廓，以产生自然圆润的效果。

步骤 9　完成女式短发均等层次发型吹风造型。

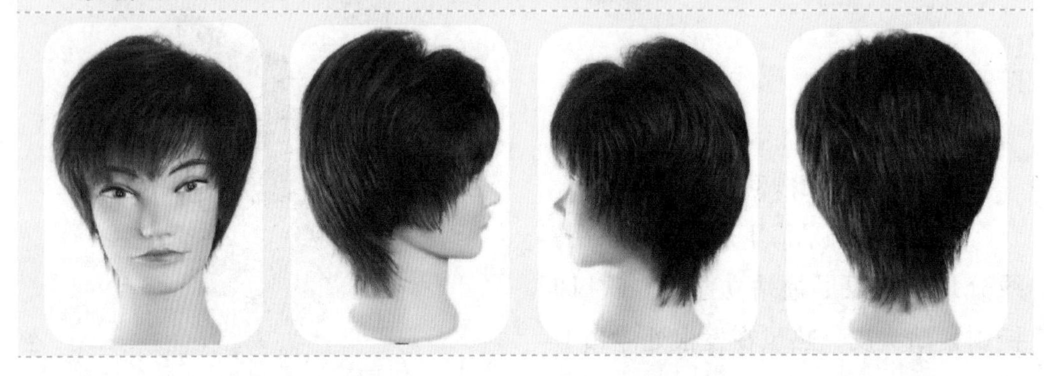

女式短发边沿层次发型吹风造型

操作准备

1. 工具和用品准备：围布 1 条、干毛巾 1 条、有声吹风机 1 个、无声吹风机 1 个、梳刷 2 把、发乳 1 瓶、啫喱水（膏）1 瓶、发胶 1 罐。

2. 顾客准备：为顾客围上围布，用干毛巾吸去头发上的水分并将干毛巾披好，根据顾客需要涂抹发乳、啫喱水（膏）或发胶。

操作步骤

步骤 1　先将头发吹至五成干，然后吹后颈部发区。后颈部发根要尽可能伏贴。在吹风时，有声吹风机配合梳刷顺着头发生长的方向从上往下边梳边压，要求左右手交换使用梳刷。

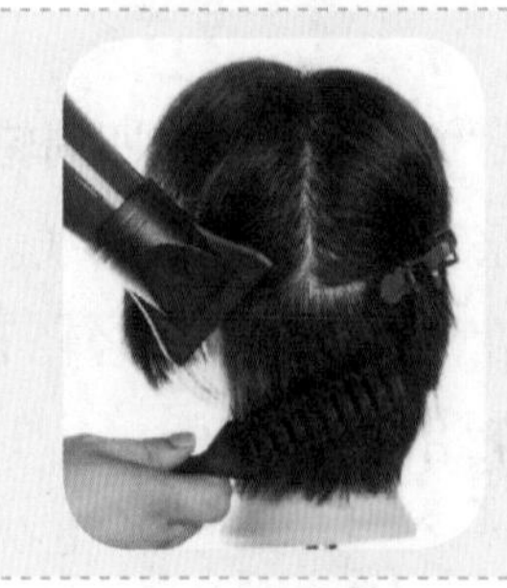

步骤 2 吹后枕部发区。

（1）吹后枕部下层发片。将后枕部下层的头发顺着发根方向往左右两侧分开，斜向分取发片，提拉角度为 15°左右，发根微微站起，发杆略有弧度，梳刷向内、向下梳理，进行底部低角度衔接处理，使发尾在热风和梳刷的作用下与后颈部头发连为一体。用此方法完成后枕部下层左右两侧发片的吹梳。

（2）吹后枕部上层发片。按上述方法完成后枕部上层发片的吹梳。吹梳时，发根要逐渐站立蓬松，发根的站立角度也随之逐渐抬高。

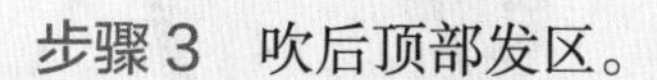

步骤 3 吹后顶部发区。

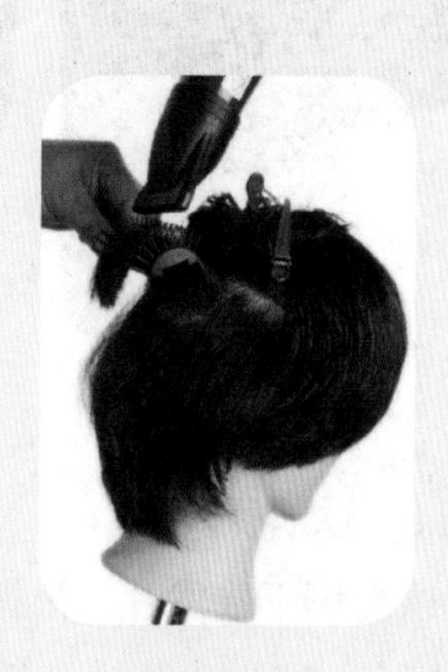

（1）吹后顶部下层发片。后顶部的头发决定发型的高度及饱满度。在吹后顶部下层发片时，吹风机向梳刷下方送风，停顿 1 ~ 2 s 后，吹风口再从上方送风至发根，停顿冷却，转动梳刷，使发根站立、发杆饱满。

（2）吹后顶部上层发片。头发要尽可能蓬松，发根一定要站立，发杆及发尾开始加强力度。

步骤 4　吹左侧发区。

（1）吹左侧下层发片。根据发型的发尾流向取一片水平发片，用梳刷将头发拉起与头皮成 15° 左右，吹风口与梳刷成 70° ~ 80°，从发根吹至发尾。

（2）吹左侧中层发片。逐步加大发根提拉角度至 45°，吹风口与梳刷成 70° ~ 80°，使发型的量感上移。

（3）吹左侧上层发片。逐步加大发根提拉角度至 90°，吹风口与梳刷成 70° ~ 80°，发根先加热停顿 1 ~ 2 s，再从发根吹至发杆、发尾，梳刷呈弧线形吹至发尾。

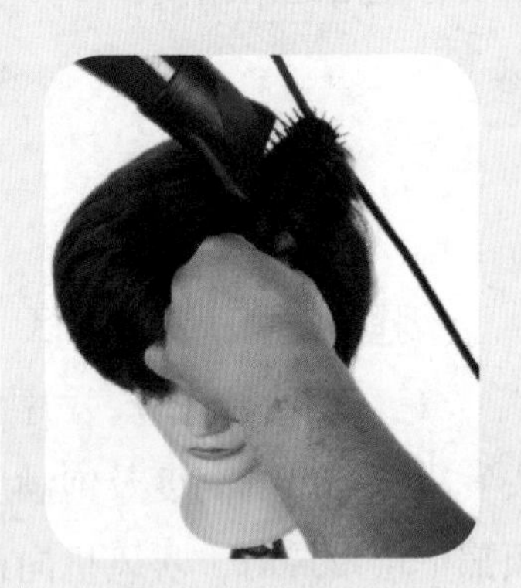

步骤 5　吹右侧发区。

（1）吹右侧下层发片。根据发型的发尾流向取一片水平发片，用梳刷将头发拉起与头皮成 15° 左右，吹风口与梳刷成 70° ~ 80°，从发根吹至发尾。

（2）吹右侧中层发区片。逐步加大发根提拉角度至 45°，吹风口与梳刷成 70° ~ 80°，使发型的量感上移。

（3）吹右侧上层发片。逐步提高发根提拉角度至 90°，吹风口与梳刷成 70° ~ 80°，发根先加热停顿 1 ~ 2 s，再从发根吹至发杆、发尾，梳刷呈弧线形吹至发尾。

步骤 6　吹顶部发区。顶部的发片与头皮垂直，梳刷紧贴头皮，吹风口与发片成 45° 送风，提起发片并转动梳刷以加强发尾力量，吹出饱满的顶部轮廓。

步骤 7　吹前额刘海发区。

（1）分头路，确定大边、小边。在前额右侧，从眼珠中间直上入发际线分出一条短头路，用无声吹风机与排骨刷配合吹头路两边，使头路小边发根略站立并起弧度，使头路大边发根站立饱满并起弧度。

（2）加强大边轮廓的高度与弧度。用无声吹风机与排骨刷配合，将大边轮廓吹成有一定高度、弧度的前额轮廓造型，将大边刘海与左侧、鬓角头发连成一体，并达到头路大边轮廓略高并饱满，刘海弧度自然的效果。

（3）头路小边与右侧衔接处理。用无声吹风机与梳刷配合使小边刘海与右侧、鬓角头发自然衔接，并将鬓角发丝轻压平伏。

步骤 8　调整、修饰四周轮廓。

（1）修饰四周发式下沿线。用无声吹风机与梳刷配合将四周发式下沿线梳刷平伏，并用手掌轻压四周发式下沿线，以产生发式四周下沿线平伏内收的效果。

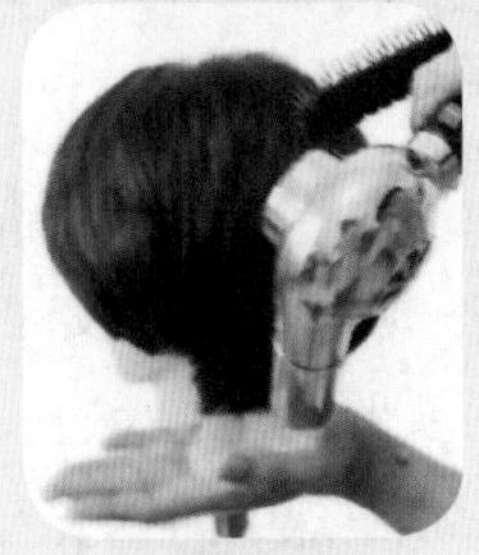

（2）调整纹理。用粗齿梳梳理调整发型的纹理，以达到纹理流向清晰、自然的效果。

步骤 9　完成女式短发边沿层次发型吹风造型。

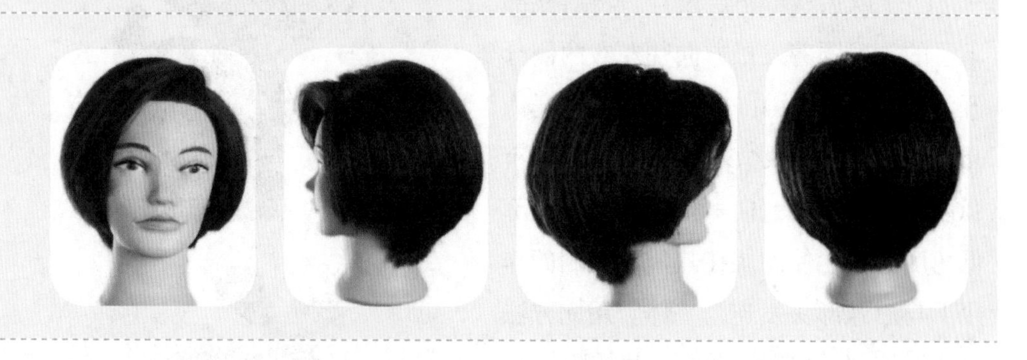

女式短发渐增层次发型吹风造型

操作准备

1. 工具和用品准备：围布 1 条、干毛巾 1 条、有声吹风机 1 个、无声吹风机 1 个、梳刷 1 把、发乳 1 瓶、啫喱水（膏）1 瓶、发胶 1 罐。

2. 顾客准备：为顾客围上围布，用干毛巾吸去头发上的水分并将干毛巾披好，根据顾客需要涂抹发乳、啫喱水（膏）或发胶。

操作步骤

步骤 1　先将头发吹至五成干，然后吹后颈部发区。

（1）吹后颈部下沿线。用梳刷配合将后颈部下沿线头发吹平伏。

（2）吹后颈部上层发片。在吹后颈部头发时，吹风口配合梳刷，顺着发根生长的方向，从上往下压，要求左右手交换使用梳刷。

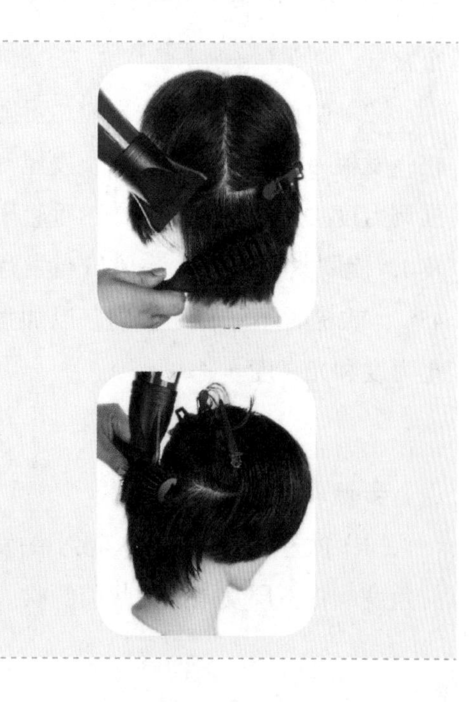

步骤 2　吹后枕部发区。

（1）吹后枕部下层发片。将后枕部下层的头发顺着发根方向往左右两侧分开，斜向分取发片，头发提拉角度为 15° 左右，使发根微微站起，发杆略有弧度，梳刷向内、向下梳理，进行底部低角度连接，使发尾在热风和梳刷的作用下与后颈部头发连为一体。用此方法完成后枕部下层左右两侧发片的吹梳。

（2）吹后枕部上层发片。按上述方法完成后枕部上层发片的吹梳。吹梳时，发根要逐渐站立蓬松，发根的站立角度要逐渐提拉抬高。

步骤 3　吹顶部发区。

（1）吹后顶部发片。在顶部发片的基础上逐层往下减小发片提拉角度，使发尾向下与后枕部发片相衔接。

（2）吹顶部发片。头发应尽可能蓬松，发根一定要挺立，发杆及发尾开始强调力度。发片提拉至 90°（垂直于头皮），梳刷紧贴头皮，吹风口与发片成 45°，吹梳时不停转动梳刷，以加强发尾力度和光亮度。

步骤 4　吹左侧发区。

（1）吹左侧下层发片。减小头发提拉角度，将下层发尾向面颊前侧吹。

（2）吹左侧上层发片。以后发区头发的提拉角度为基准吹左侧上层发片，使其与后发区的头发衔接，同时向下逐层减小头发提拉角度。

步骤 5 吹右侧发区。由下往上逐层往上加大头发提拉角度，使右侧下部发尾紧贴面颊部。

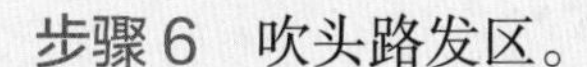

步骤 6 吹头路发区。

（1）吹头路大边。从左侧眼珠中间直上入发际线分出一条短头路。头路大边是发型侧区的最高位置，发根一定要有力度、挺立。吹风口与梳刷成 45°，逐层逐片往左后侧吹。

（2）吹头路小边。吹小边第一片发片时，头发提拉角度为 90°，吹风口与梳刷成 70°~ 80°。发根先加热停顿 1 ~ 2 s，再吹发根至发尾，将发尾吹成弧线形。

步骤 7 吹刘海发区。将左侧发片与刘海小边发片进行衔接吹梳，使之连成一体。

步骤 8 调整、修饰四周轮廓。用无声吹风机调整刘海高度和发尾流向。

步骤 9　完成女式短发渐增层次发型吹风造型。

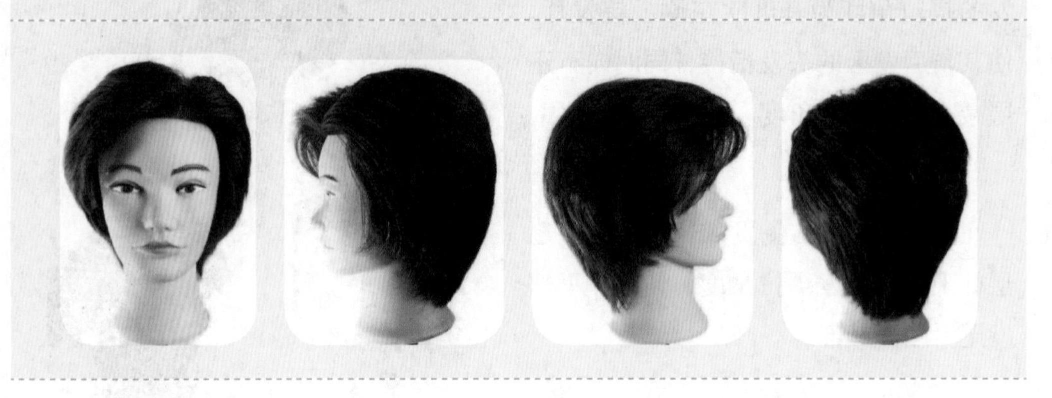

培训单元 4　电棒、电夹板造型

培训重点

了解电棒、电夹板的使用方法和操作技巧。

能够进行电棒造型、电夹板造型。

知识要求

电棒造型和电夹板造型的步骤相同，只是使用的工具及其手法不同。

一、电棒造型

电棒造型是在火钳烫基础上革新、改进而形成的一种新型造型方法。电棒造型选用不同型号的卷芯，利用电加热的物理原理使头发卷曲定型。

电棒造型时，除了使用电棒外，还要使用尖尾梳、护发油等。

1. 电棒造型的常用手法（见表 4–13）

表 4–13　电棒造型的常用手法

常用手法	说明	图示
平卷法	发片水平分份，电棒水平夹住发片并转动	
竖卷法	发片垂直分份，电棒垂直夹住发片并转动	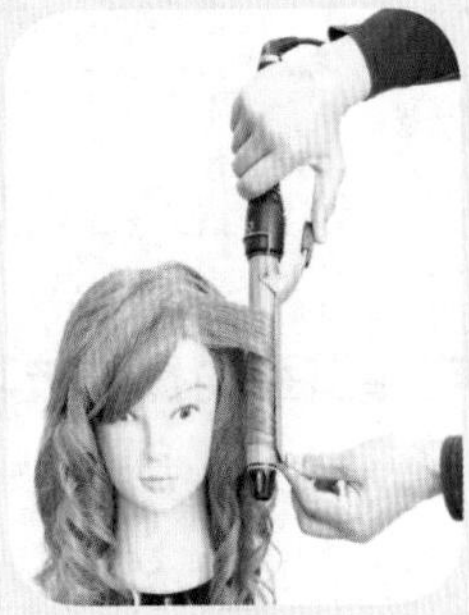
斜向前卷法	发片斜向前分份，电棒与发片根部平行夹住发片并转动	
斜向后卷法	发片斜向后分份，电棒与发片根部平行夹住发片并转动	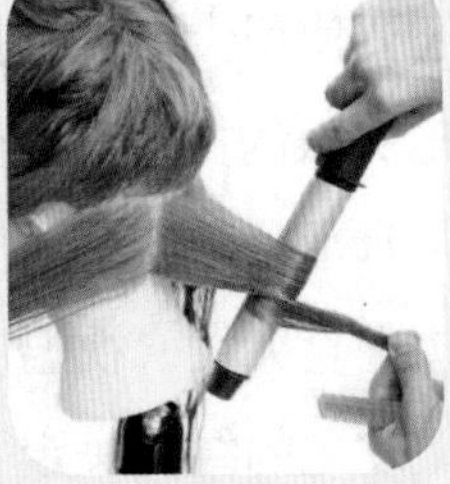

续表

常用手法	说明	图示
缠绕卷法	分出一束发束，左手捏住发束，右手持电棒，左手将捏住的发束缠绕在电棒上，电棒先夹住头发加热，然后逐圈放下发束	
向外平卷法	发片水平分份，电棒水平夹住发尾（梢）并向外平卷 1～2 圈	

2. 电棒造型的操作技巧

（1）发根建立支撑，增加固定效果和持久力。

（2）发中调整轮廓，创造丰盈感。

（3）发尾的结构决定了整个造型的最终效果。

（4）发片高角度提拉产生蓬松效果；发片中等角度提拉产生自然效果；发片低角度提拉产生轮廓收紧的效果。

二、电夹板造型

1. 电夹板操作的工具

电夹板造型利用电加热的物理原理将头发夹平直。电夹板造型除了使用电夹板外，还要使用尖尾梳、护发用品等。

2. 电夹板的操作技巧

（1）水平分份不要太宽、太厚。

（2）平直夹发，视温度控制夹发的时间和次数。

（3）发尾的结构决定了整个造型的最终效果。

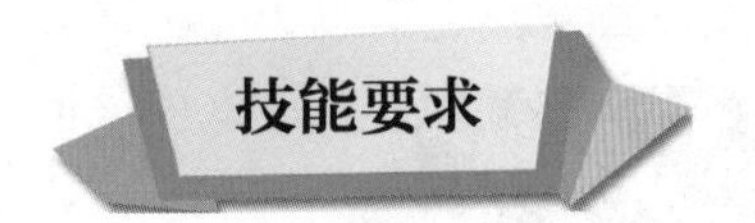

电夹板造型

操作步骤

步骤 1 将头发洗干净，梳通梳顺，检查头发的受损程度。

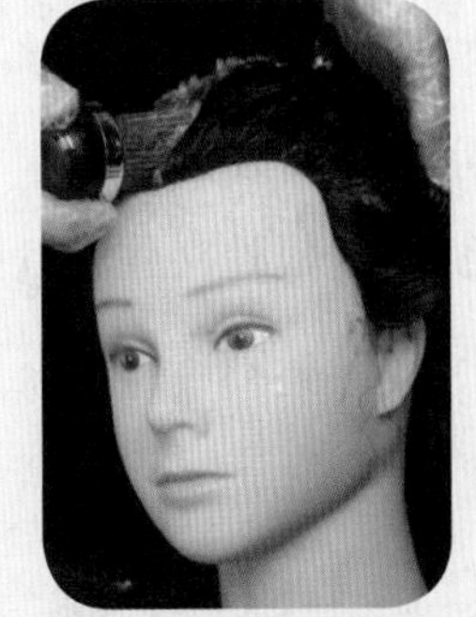

步骤 2 将头发修剪成所需长度，调整层次，将头发吹至八成干。

步骤 3 将头发分成 6 个发区。

（1）前额发际线中点经头顶正中至后颈部发际线中点分一直线。

（2）两耳直上入发际线至头顶相连成一条线。

（3）两耳上入发际线呈水平线相连于后枕部中点。

以上三条线相交分成 6 个发区，后颈部由左至右为 1、2 发区，后顶部由左至右为 3、4 发区，前顶部由左至右为 5、6 发区。

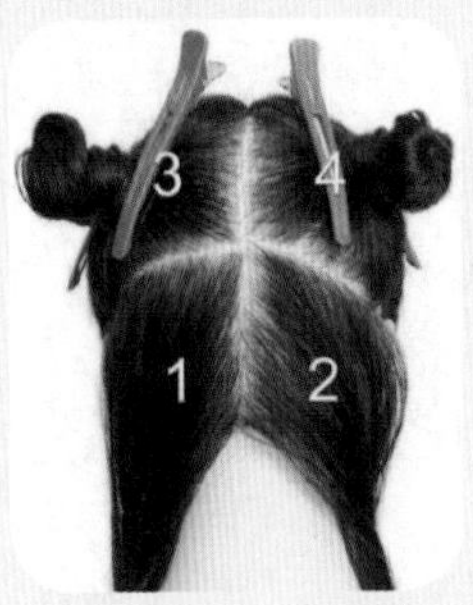

步骤4　电夹板操作。电夹板接好电源后，调节好温度，操作时用尖尾梳配合操作。依次按1、2、3、4、5、6发区的顺序操作。将每个发区的头发由下向上水平分份，每片发片的厚度小于1 cm。先用梳子将发片梳顺、梳通，然后用电夹板从发根处夹住发片慢慢地向发尾处移动，反复数次即可。逐片逐区依次操作。

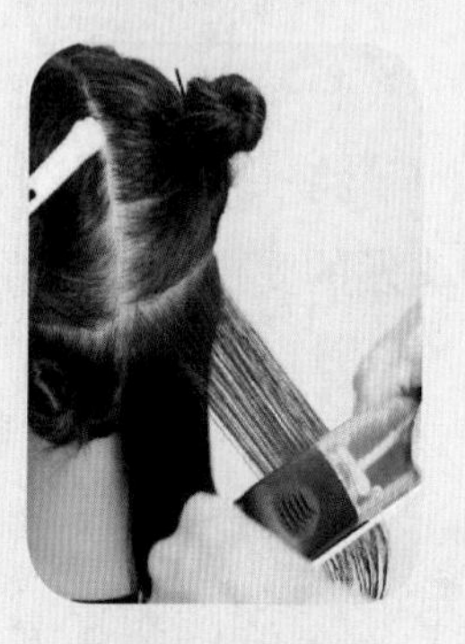

步骤5　整理定型。全部夹完后，检查一下头发的平整度、光亮度，并进行调整。

注意事项

1. 电夹板造型前要涂抹护发用品保护头发。
2. 发片梳通、梳顺后进行电夹板操作。
3. 注意掌握电夹板的温度。
4. 电夹板处于通电状态时，应谨慎操作，询问顾客受热情况，避免烫伤头皮。

思考题

1. 简述男式基本发式分类。
2. 简述女式基本发型分类
3. 简述烫发的质量标准。
4. 简述夹剪的操作技巧。
5. 简述吹风的基本方法。

职业模块 5 染发、头皮护理与头发护理

内容结构图

- 染发、头皮护理与头发护理
  - 染发
  - 头皮护理
  - 头发护理

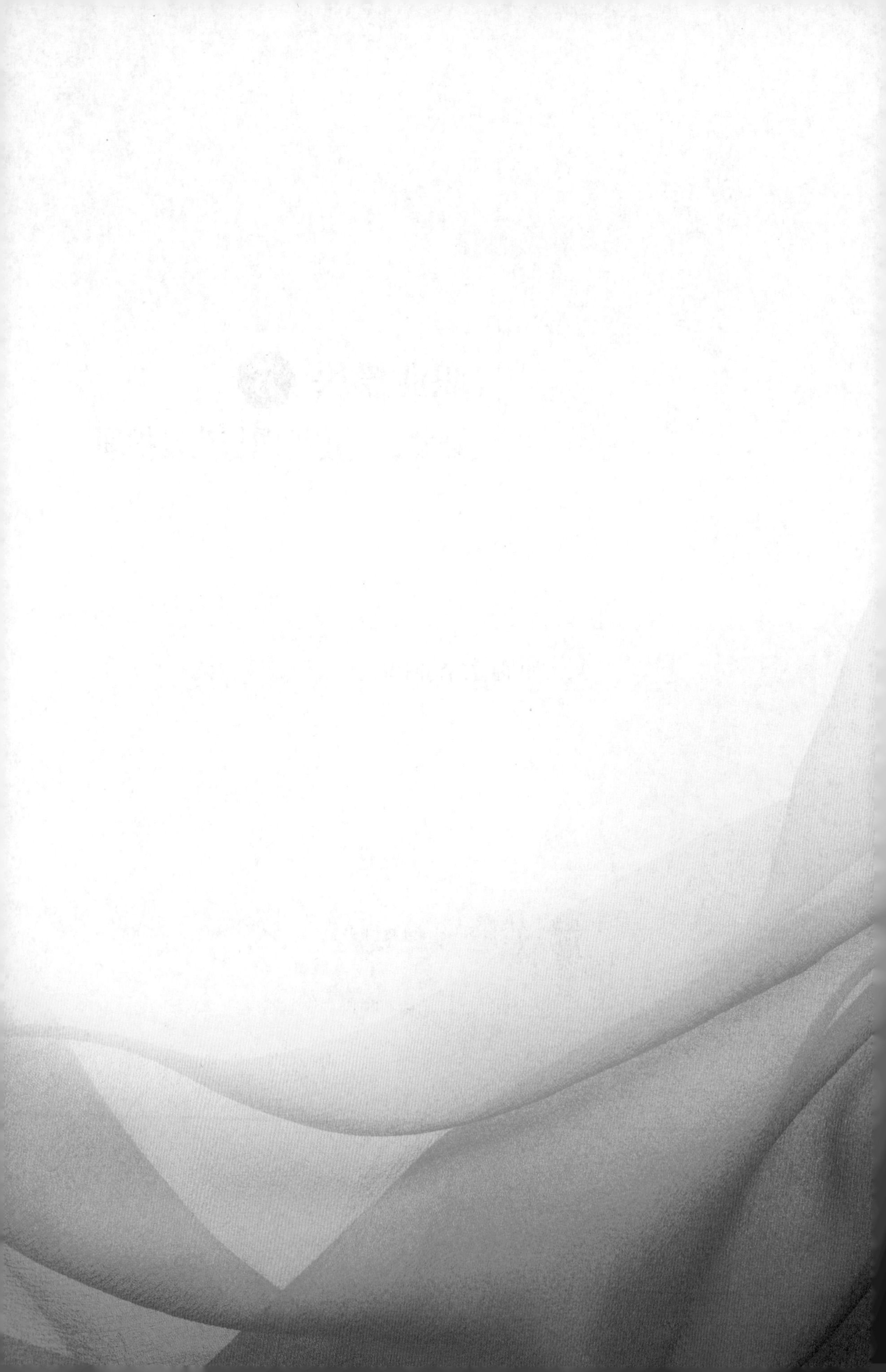

培训项目 1

染发

培训重点

了解染发相关专业术语。
能够进行白发染黑操作。
能够进行头发染深操作。

知识要求

一、染发相关专业术语（见表 5-1）

表 5-1 染发相关专业术语

专业术语	说明
原生发	自然生长且从未经过任何化学处理的头发
原发色（底色）	原生发的颜色或者染发前所呈现出来的头发颜色
染色	运用人工色（染发剂、双氧乳）改变原发色的过程
色度	头发颜色的深浅度
色调	色彩外观的重要特征和基本倾向，即颜色在头发上所呈现的视觉感受
基色	染发剂中的编号 1/00 到 9/00 都是指基色，数字越小颜色越深，基色中不含色调，常用于判断顾客原发色
目标色	顾客所需个性的颜色、创作者所需特定的颜色
同度染	用和原发色相同色度的染发剂进行染发操作的过程

续表

专业术语	说明
染浅	用比原发色色度高的染发剂进行染发操作的过程
染深	用比原发色色度低的染发剂进行染发操作的过程
乳化	染发剂氧化作用完成后（检查发束到位），通过施放少量清水令染发剂达到的状态即乳化，可以起均匀调和作用，使整个头发的颜色更趋于一致
漂色（漂发）	通过漂粉和双氧乳的配合，将头发中天然色素褪色的过程
配色	将同一色度（基色除外）两种不同颜色的染发剂相加所产生的颜色

二、染发剂

白发染黑和头发染深一般使用持久性染发剂。

1. 持久性染发剂的特点

持久性染发剂能达到快速染发与不褪色的效果。

持久性染发剂使用后不会褪色，因此可用于遮盖白发和改变头发的色度及色调。持久性染发剂有膏状与液状两种，需要与氧化剂调配使用。

持久性染发剂的优点是色泽自然、不易褪色、颜色能均匀地分布于皮质层而与自然发色融为一体，头发颜色的深浅可根据顾客需要进行调配。

持久性染发剂的缺点是有些用品可能会导致过敏性皮炎、过敏性结膜炎，部分用品中含苯二胺成分可能导致造血干细胞的变化。

2. 持久性染发剂类型

持久性染发剂分为植物持久性染发剂、金属持久性染发剂和氧化持久性染发剂。

植物持久性染发剂是从植物的叶子或根茎中提炼、加工而成的。植物中本身具有持久性染发的有效成分。

金属持久性染发剂中含铅、铜、银离子，含铅离子的呈紫色、含铜离子的呈红色、含银离子的呈绿色。这些金属离子成分会使颜色在头发的表皮层形成一层薄膜，染发时颜色缓慢地进入头发内部，染后不容易褪色。由于金属成分停留在发丝上，经过加热等处理而变形，因此会出现再次染发不上色的现象。如果染后烫发，会出现头发颜色变红、变粗糙、易断等情况。

氧化持久性染发剂渗透进入头发的皮质层后，发生氧化反应形成较大的分子，封闭在头发纤维内，使发色更加自然。

三、染发操作要点

1. 沟通

与顾客沟通了解相关的信息，如顾客喜欢的颜色类型和深浅度，顾客平时隔多久染一次发，顾客是自己染发还是在美发店染发等。美发师在聊天中获得具体信息的同时要做出准确判断，以满足顾客的染发要求。

2. 头皮和头发分析

染发前要观察顾客的头皮是否有损伤、出疹等情况，以便在染发过程中进行特殊处理。头皮损伤面积大的顾客不能进行染发。如果是白发染黑，还要了解顾客的发量、白发比例、白发在头部的分布情况，以及原染颜色变化情况等。

3. 皮肤过敏测试

皮肤过敏测试用于测试顾客是否对染发用品有过敏反应。每次染发前先清洗耳后或手腕处皮肤，然后用棉签蘸取染发用品涂抹在皮肤上，保留一定的时间。如果皮肤发红、肿胀、起泡或者顾客呼吸急促，则为过敏，不能进行染发操作。只有检测结果为不过敏时才可以进行染发操作。同时，美发师应将顾客过敏测试结果记录在顾客信息登记卡上。

4. 发束检验

发束检验是用湿毛巾、湿巾纸等先将一束头发上的染发剂擦干净，然后将头发放在白色毛巾上观察效果。发束检验有助于分析头发承受染发用品的能力以及预测染后的效果，同时也有助于分析染发用品的作用时间以及所选择的配方是否正确。在染发期间进行发束检验可了解染发剂的显色情况以及染发剂对头发、头皮的影响。

白发染黑

操作准备

1. 工具和用品准备：染发围布 1 条、干毛巾 1 条、梳子 1 把、发夹若干个、染发手套 1 副、护耳套 1 副、染发剂 1 支、双氧乳（3% 或 6%）1 瓶、调色碗 1 个、染发刷 1 把、染后专业洗发膏和护发素、染发披肩 1 块、隔离霜 1 支、电子秤 1 台、计时器 1 个。

2. 顾客准备：一般白发染黑之前需要为顾客洗发，将发丝上附有妨碍染发剂起作用的其他物质清洗干净，注意洗发时不要抓擦头皮。如果顾客头发刚洗过不久且没有涂放过饰发用品则不需要洗发，喷湿后吹至八成干。为顾客垫上干毛巾，围上染发围布，披上染发披肩。围布要围紧，避免染发剂污染顾客的衣服。

操作步骤

步骤 1 检查头皮和头发。检查头皮情况，观察白发在头部的分布状况。如发现轻微损伤，注意涂放染发剂时避开损伤部位。

步骤 2 做好保护工作。为了防止顾客的皮肤受染发剂刺激以及发际线以外的部位受污染，可在发际线周围的皮肤、耳朵部位涂上隔离霜，并戴上护耳套。操作要求是涂隔离霜时要胆大心细，涂放均匀、涂放量要适中、不要漏涂。

步骤 3 选择颜色。根据顾客的要求和本身的白发状况，选择合适的染发剂和双氧乳。染黑应采用 3% 或 6% 双氧乳。

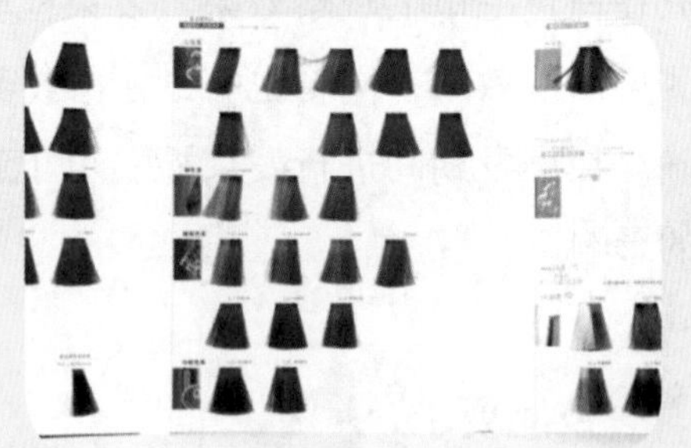

步骤 4 调配染发剂。将调色碗放在电子秤上，打开电子秤并调零后，挤入适量染发剂，再挤入同等的双氧乳，充分搅拌均匀或用摇杯摇匀。

步骤 5 分区。用梳子将发际线内的头发分成前、后、左、右 4 个发区。操作要求是将头发进行"十"字分区，分区线要清晰，发夹固定要稳当。

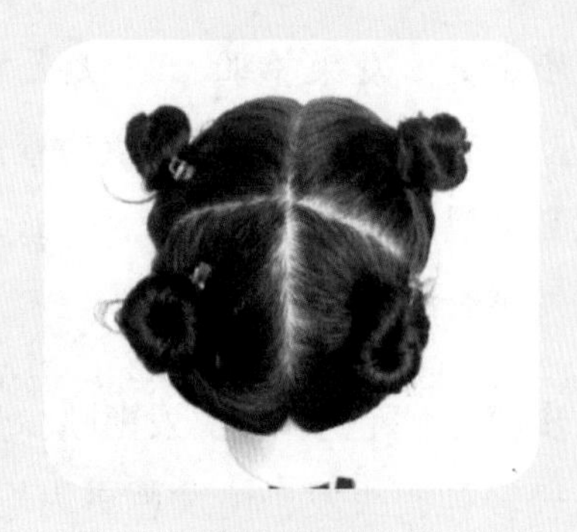

步骤 6 涂放染发剂

（1）戴好染发手套。

（2）可采用从上到下、从前到后的涂放方式涂放染发剂。鬓角、前额处以及头顶白发明显的地方优先涂放染发剂。

（3）每片头发的厚度为 0.5 ~ 1 cm，宽度为 5 cm。可采用发根至发尾一次涂放的方式。涂放时，先用染发刷的刷尖分出发片，再用左手抵住发根，使发片与头皮成 90°。

（4）注意涂放染发剂的量要充足、均匀，不可有任何遗漏。

步骤 7 停放一定时间。按发质情况、染发剂要求确定停放时间，并开好计时器。一般自然停放时间为 30 ~ 45 min，如果是特殊发质或有特殊染色要求可增加或减少停放时间。

步骤8 发束检验，确认头发上色。原先有白发的位置要重点检查白发有没有染黑，整体的颜色是否一致，发根和发尾有没有区别。

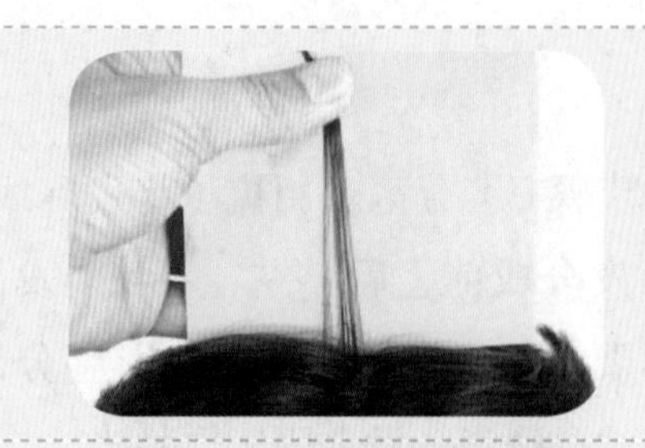

步骤9 乳化。在头发上喷少量温水，轻轻揉搓头发，使发色更为均匀。在染发剂氧化作用完成、发束检验到位后，喷少量温水令染发剂乳化，达到均匀调和、整个头发颜色更趋于一致的效果。

步骤10 冲洗。使用弱酸性染后专用洗发膏、护发素进行洗发、护发，以中和头发中残留的化学物质，使头发毛鳞片合拢，色素不流失。

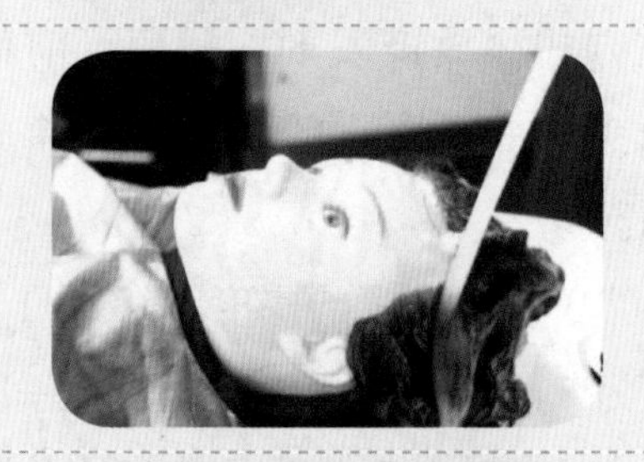

步骤11 吹风造型。先将头发吹至九成干，再根据发式设计要求吹风造型。吹风造型时，注意温度不宜过高，时间不宜过长，以免对染后受损的头发造成更大的伤害。

注意事项

1. 认真做好顾客及自己的保护工作，包括操作前及操作过程中。

2. 必须检测顾客是否对使用的用品有过敏反应。

3. 正确分析和判断是成功染发的前提，了解和观察顾客的发量、白发比例、白发在头部的分布情况，以及原染颜色变化情况等。

4. 科学调配染发剂是成功的关键，调配染发剂必须严格按照使用说明进行。

5. 良好的操作是成功的基础，涂放染发剂时发片要厚薄适宜，染发剂用量要充足，涂放要均匀。

6. 染发剂涂放速度要快，同时应确保每根头发都均匀涂到染发剂。

7. 准确的停放时间是成功染发的保障，染发停放时间应根据染发用品、顾客白发的分布情况等来确定。

8. 染后的护理至关重要，对染后受损的发丝要进行养护。

9. 染深操作要运用色板确定原发色的色度，并根据客户需求确定目标色的色度，计算两者色度差别并选用合适浓度的双氧乳，其余操作与白发染黑相同。

培训项目 2 头皮护理

培训重点

了解头皮护理用品的种类、性能。

能够根据不同的头皮状况选用相应的头皮护理用品。

能够进行头皮护理操作。

知识要求

头皮护理可以强化毛囊组织，促进新陈代谢，使头皮老化角质活化；补充维生素 E 和水分，修护损伤头皮；在头皮表面形成特殊保护膜，阻隔高热与化学物质的侵害。

一、头皮护理用品的种类

头皮护理用品常用的有头皮清洁类用品、头皮平衡类用品、头皮滋养调理类用品三大类。头皮清洁类用品的作用为清洁、去屑、除角质等。头皮平衡类用品的作用为控油、补水、除敏等。头皮滋养调理类用品的作用为舒缓、紧致、生发等。

二、头皮护理用品的性能

1. 祛油防脱，使毛囊深层清洁。
2. 增强头皮的血液循环，促进毛囊新陈代谢，促进新的细软头发生长。
3. 调理头皮毛囊内部环境。

4. 使毛囊深处的新生发茁壮。

三、头皮护理用品的选用（见表 5-2）

表 5-2　头皮护理用品的选用

头皮状况	表现	头皮护理用品
油性头皮	头发紧贴头皮、很油腻，头皮发痒	油脂平衡洗发水：温和净化成分能有效清除过多油脂，达到控油效果 头皮舒缓精华液：维生素成分能有效保护头皮角质表皮，使头皮持续舒缓
敏感头皮	头皮有紧绷感，头皮起粉状头皮屑，头皮发痒，头皮上有红点、红斑	头皮舒缓洗发水：去污除敏，放松头皮 头皮舒缓精华液：维生素成分能有效保护头皮角质表皮，使头皮持续舒缓
头皮屑	头皮屑一般呈扁平状，会掉落下来或粘在头皮上	去屑调理洗发水：舒缓成分能持久去屑，并缓解头皮发痒的状况。 头皮舒缓精华液：维生素成分能有效保护头皮角质表皮，使头皮持续舒缓
脱发	轻度：头皮紧绷，出油而且发痒，头发明显减少 顽固：局部脱发，头皮上不见毛孔且很光亮	强韧焕发洗发水：去污控油，清洁毛孔 防脱发精华液：能刺激发根处细胞，软化角质纤维网，促进毛发生长

头 皮 护 理

操作准备

1. 工具和用品准备：干毛巾 1 条、洗发围布 1 条、梳子 1 把、头皮护理用品 1 套。

2. 顾客准备：为顾客垫好干毛巾，围好围布，做好头皮护理的准备工作。

操作步骤

步骤 1 梳理头发。先把顾客头发理顺，再用梳子梳理头发，全部向后梳理，这样有利于促进血液循环，消除疲劳，让顾客达到放松状态。建议使用大板梳或者其他施力面积较大的梳子（如排骨梳），尽量不要使用施力面小、梳齿密的梳子。

步骤 2 洗发。按洗发程序清洗头发。

步骤 3 涂放头皮护理用品。首先将头发“十”字分区，从发际线开始均匀分发片后将头皮护理用品涂放到整个头皮上。发片不能太厚，建议厚度为 1 ~ 1.5 cm（视头发浓密程度而定）。每个区域逐一涂放，先涂放前区再涂放后区。

步骤 4 护理按摩。

（1）揉。以缓慢的速度结合轻柔的力度，揉动整个头皮，在放松头皮的同时，促使头皮护理用品渗透。顺序是从头顶前发际线揉至后顶，再从两侧揉至后顶，最后从后发际线揉至后顶。

（2）点。用点压的方式快速的对头皮穴位进行刺激放松。顺序是从前发际线神庭开始呈一条直线至后顶，再从两侧的头维、曲鬓至后顶，最后从后发际线哑门至后顶。

（3）按。以打圈的方式对穴位进行放松，2 ~ 3 圈后再慢慢地施加压力按压穴位，达到合适的力度时，停留 2 ~ 5 s，再缓慢地将力度收回，重复两三次。施加压力时要不断询问顾客，以其能承受的合适力度为宜。

（4）拍。五指紧闭，微握，呈 V 形，轻轻拍打整个头皮，以达到舒缓放松头皮的作用。先双手交替轻拍头顶区，再单手轻拍两侧区。重复两三遍即可。拍打时，操作者需放松自己的整个手掌，用手腕施力，不可手臂施力。

步骤 5 冲洗干净。将头皮及头发上的护理用品冲洗干净，完成头皮护理。

注意事项

要根据头皮状况选择相应的头皮护理用品。

培训项目 3

头发护理

了解护发用品的种类、性能和作用。

能够根据不同的发质选用相应的护发用品。

能够进行头发护理操作。

头发护理能够滋润干燥分叉的头发，使头发老化角质活化；给头发补充维生素 E 和水分，修护受损的头发；在头发表面形成特殊保护膜，阻隔高热与化学物质的侵害；帮助消除静电，使头发变得柔软、充满弹性。

一、护发用品的性能

常用的护发用品有护发素类用品、加热类焗油护发用品、免加热类焗油护发用品三类。

1. 护发素类用品

护发素类用品分为需要冲洗的护发素和免冲洗保湿护发素两种。

护发素中的主要成分是阳离子季铵盐，可以中和残留在头发表面带阴离子的化学物质，并留下一层均匀的单分子膜，以此保护头发免受外界环境的损伤。

2. 加热类焗油护发用品

加热类焗油护发用品分为营养焗油膏、修护受损发质的深层护理膏、倒模护理霜等。

加热类焗油护发用品是普遍使用的焗油护发用品，含植物氨基酸、冷凝因子、顺发因子，其高密度透明保护膜能够强健头发纤维质，补充蛋白质流失产生的空洞，促进毛发细胞生长，增添头发的光泽，减少漂、染、烫发带来的化学伤害。加热类焗油护发用品因为其化学分子颗粒较大，需要加热打开头发的表皮层以方便进入头发内部修护头发，可保持 2～3 周的时间。

3. 免加热类焗油护发用品

免加热类焗油护发用品是新一代的焗油护发用品，相对加热类焗油护发用品来说，具有化学分子颗粒小，容易进入头发内部，操作方便，操作时间短，效果明显等优点，但是相对的保持时间比加热类焗油护发用品要短，比护发素要久，可维护一周左右的时间。

二、护发用品的选用

长出头皮的新毛发是健康的，但长出头皮后就会受到各种各样的伤害，只有常做护理才能使头发保持健康。

1. 正常发质

正常发质应在每次洗发之后使用护发素，并且要经常梳理头发帮助头皮分泌的油脂抵达发梢，令发梢也得到滋养，防止头发分叉，让头发更健康。

2. 幼弱及受损发质

幼弱及受损发质应该在每次洗发之后使用护发素，在烫染头发之后需要马上做一次免加热类焗油护理，并在 2～3 周后去美发店做一次加热类焗油护理。

3. 极度受损发质

极度受损发质应该在每次洗发之后使用护发素，在烫染头发之后需要马上做一次免加热类焗油护理，并且每周做一次加热类焗油护理，还可以随身携带免冲洗的保湿润发修护素给头发随时进行滋润护理。

头发护理

操作准备

1. 工具和用品准备：围布 1 条、干毛巾 2 条、梳子 1 把、发夹若干个、护发用品（加热类焗油护发用品）1 份、护发刷 1 把、调剂碗 1 个、披肩 1 块、棉条 1 条、保鲜膜 1 卷、焗油机 1 台、计时器 1 个。

2. 顾客准备：清洗头发，注意不要抓擦头皮，以免刺激表皮而损伤皮肤。为顾客披上干毛巾，围上专用围布，披上披肩。

操作步骤

步骤 1 分 4 个发区。将头发分成前、后、左、右 4 个发区。操作要求是头顶部“十”字分区，分区线要清晰，发夹固定要稳固。

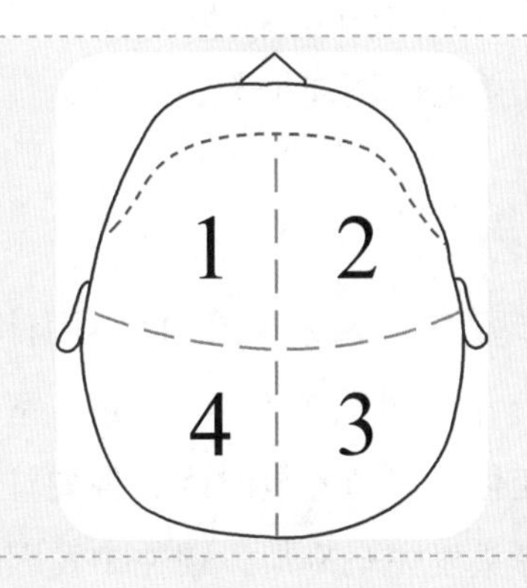

步骤 2 涂放加热类焗油护发用品。将护发用品倒入调剂碗，从颈部开始由下往上、由后往前将头发分成宽度为 5 cm 左右、厚度为 0.5 ~ 1 cm 的发片，较均匀地用护发刷将护发用品涂放在发片上。操作要求是涂放要充足、均匀，不可有遗漏。涂放护发用品后，还需对发丝进行夹揉，促进护发用品渗透到发丝中。所有头发都涂放完毕之后，用梳子梳顺发丝，并将头发集中在头顶，用发夹固定。

步骤 3 围棉条、包保鲜膜。在顾客的发际线一圈围上棉条，用保鲜膜包裹住头发。操作要求是棉条要围在发际线以外且贴紧头皮，包保鲜膜时要严实且保持耳孔裸露。

步骤 4 加热头发。用焗油机给头发加热 20 min 左右，使护发用品顺利渗透到头发的毛鳞片中去。操作要求是加热温度要适中，且要保持一定的水分，加热时间不能少于 20 min。

步骤 5 停放一定时间。用计时器计时，停放时间为 5 ~ 10 min。室内温度的变化可调节停放时间，但要注意一定要等头发完全冷却，锁住护发因子。

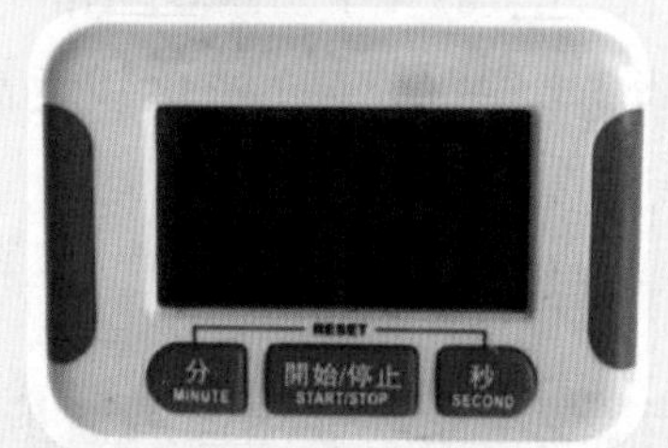

步骤 6 清水冲洗。冲水时的水温不宜过高，冲净后不需要涂抹任何其他护发用品。

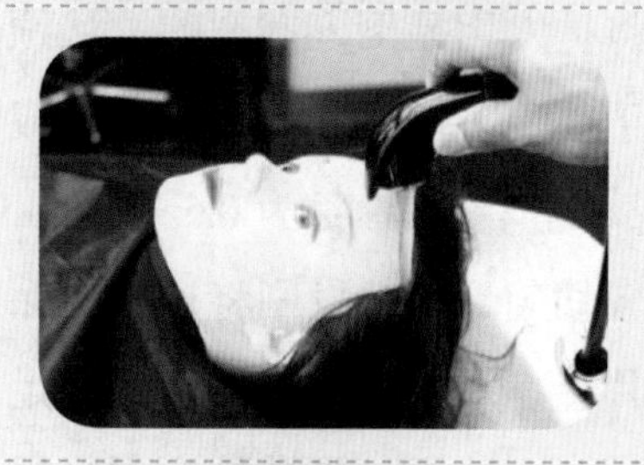

步骤 7 吹风造型。按修剪的发式造型要求吹风造型。吹风造型时，吹风温度不宜过高，吹风时间不宜太长，以保持发丝中的护发因子。

注意事项

1. 洗发后要用热风吹至八成干方可涂放护发用品。

2. 涂抹护发用品时，要尽量避免碰触到发际线以外的皮肤，因为护发用品会堵塞毛孔，引起顾客的不适。

3. 涂抹护发用品时，发片厚薄要适宜，护发用品涂放要充足，涂抹要均匀。

思考题

1. 简述染发的操作程序。
2. 简述染发操作的注意事项。
3. 简述头皮与头发护理的操作程序。
4. 简述头皮与头发护理的注意事项。